地学のガイドシリーズ　11

改訂 岡 山 県

地 学 の ガ イ ド

—— 岡山県の地質とそのおいたち ——

岡山理科大学特任教授　野 瀬 重 人　編著
岡山県地学のガイド編集委員会　　編

コ ロ ナ 社

改訂版のまえがき

　1980年に「岡山県地学のガイド」初版が発行されて,約30年がたちました。初版は岡山県における地学の案内書として,学校の先生方や一般の人に広く活用されてきました。岡山県には活火山がないことを除けば,古生代から新生代までのいろいろな時代の地層や各種の火成岩体,あるいは変成岩類がきわめて豊富に分布しています。このように地学的には非常に恵まれた地域ですが,地学に関する興味や関心が乏しい人が多いのも事実です。初版は地学に関する興味や関心を呼び起こす手引書,案内書としてまとめられ,つぎの7点に配慮して書かれています。

1. やさしい表現で,中学生・高校生にもよくわかるようにする。
2. 難しい専門用語はできるだけさけ,地名などにもふりがなをつけて読みやすくする。
3. 図や写真を多くとり入れ,楽しく目で見てわかるようにする。
4. 案内をていねいにして,現地観察がまちがいなくできるようにする。
5. 単なる観察事項の説明だけでなく,それをもとに考え,つながりや地域の概要がよくわかるようにまとめる。
6. 紙面をできるだけ現地案内のために用い,方法的なことは割愛し,姉妹編の「地学の調べ方」にゆずる。
7. 資料として,岡山県のおもな岩石・鉱物・化石・鍾乳洞・天然記念物などをまとめ,このガイドからさらに発展できるようにする。

　しかし,この30年の間に,かつて観察できた露頭はコンクリートでおおわれたり,開発により露頭そのものがなくなったりしています。また,初版は地向斜造山運動の立場から書かれていますが,学問の発展に伴い,岡山県の地史についての考え方も大きく変化しています。さらに,理科離れが深刻な問題として指摘され,自然と触れ合う機会が少なくなっている現在,地学について学ぶ機会も減少しています。

　一方,現在の環境問題やいずれ起こるであろう東南海,南海地震などの自然災害に対応するためにも,地学に関する知識の必要性は高まってきています。このような地学を取り巻く周囲の状況の変化に伴い,地学に興味や関心を持つ人を少しでも増やし,自然と触れ合う機会を身近なものにするために,「岡山

県地学のガイド」を改訂することにしました。

　改訂にあたり，初版で配慮された7点の項目を踏襲し，より多くの人にわかりやすく，興味を高められるようにまとめました。観察場所については初版に記載されている地点を改めて調査し直し，現在でも観察できる場所については基本的に初版の文章を踏襲し，掲載しています。また，ぜひ観察してほしい場所として新たに加えた地点も多数あります。

　本書では，露頭の場所がわかりやすいように経度・緯度の情報を載せています。また，露頭周辺の地質がわかるように，地質図も載せています。この地質図は，故光野千春先生および岡山県内地質図作成プロジェクトチームによる岡山県内地質図（5万分の1）を参考にしました。

　近年，環境破壊が進むにつれ，自然を大切にする心の育成が叫ばれています。地学に関する野外観察では，崖などの露頭を観察し，実際に岩石をハンマーでたたいて新鮮な岩石を観察することが必要です。このことは，ある意味では自然を破壊することにつながります。しかし，自然を大切にする心を育てるには実際に自然に触れ合うこと，自然を観察し，体験することが必要です。そのためには，実際に野外で岩石をたたいて自然を知らなければなりません。ぜひ中学生・高校生の皆さんに，この本を手にとって自然と触れ合ってほしいと思います。さらに小学校・中学校・高等学校の先生方や一般の皆さんも実際に野外に出て，露頭を見て，自然の素晴らしさを感じてください。なお，本書を利用される際には現地情報を事前にご確認ください。

　本書をまとめるにあたり，改訂版の発行を快くご許可くださった上野　等先生をはじめ初版執筆の先生方，地質図の使用についてお世話になった株式会社西部技術コンサルタントの方々，調査や資料収集にご理解と便宜をお図りくださった現地の多くの方々，出版業務にご尽力くださった株式会社コロナ社に対し，心から感謝申し上げます。

　なお，本書の出版に際し，公益財団法人福武教育文化振興財団より助成を受けております。

2012年12月　　　　　　　　　　　　　　　　　　　　　　　執筆者一同

本書に関連するカラー画像をコロナ社のWebページ（http://www.coronasha.co.jp）から閲覧することができる（閲覧のみ，転載等は不可）。本書の書籍紹介ページを開き，【関連情報】の「関連カラー画像」をクリック。

「改訂 岡山県地学のガイド」関係者一覧

改訂版（編集委員会）執筆者 (五十音順, ◎：編集委員長, ○：執筆責任者)

	小網　晴男	岡山県立岡山朝日高等学校
	定金　司郎	前かもがた町家公園
	皿田　琢司	岡山理科大学
	鈴木　茂之	岡山大学
○	西谷　知久	岡山県高梁市立松山高等学校
	西戸　裕嗣	岡山理科大学
	野﨑　誠二	岡山県総合教育センター
◎	野瀬　重人	岡山理科大学
	三宅　　誠	倉敷市立連島中学校
	元井　友之	岡山県立岡山工業高等学校
	森本　英利	岡山県立東岡山工業高等学校
	山口　一裕	岡山理科大学

(2012 年 12 月現在)

初版執筆者 (執筆担当地区) (五十音順)

上野　　等（岡山市周辺地区）
大塚　尚男（成羽・川上地区）
大月　史郎（津山市周辺地区）
定金　司郎（笠岡・井原地区，勝山・真庭地区）
佐藤　禎秀（周匝・備前地区）
柴田　　晃（新見・阿哲地区）
髙田　保則（勝山・真庭地区）
土居　幸宏（津山市周辺地区）
沼野　忠之（岡山県のおいたち，新見・阿哲地区）
野瀬　重人（岡山県のおいたち，笠岡・井原地区）
原　　篤志（岡山市周辺地区）
福島　　滋（津山市周辺地区）
光野　千春（岡山県のおいたち，周匝・備前地区）

(2012 年 12 月現在)

もくじ

Ⅰ. 岡山県のおいたち

§1. 岡山県の地学めぐりの
  すすめ …………………… 1
§2. 地質の概要 ………………… 8

Ⅱ. 岡山県の地学めぐり

1. 岡山市内 ………………… 25
2. 岡山空港 ………………… 31
3. 金甲山 …………………… 35
4. 玉島 ……………………… 41
5. 鴨方〜金光 ……………… 44
6. 寄島〜笠岡 ……………… 51
7. 浪形 ……………………… 55
8. 芳井 ……………………… 60
9. 高山 ……………………… 65
10. 地頭 …………………… 71
11. 成羽, 日名畑 …………… 81
12. 成羽, 枝 ………………… 86
13. 羽山〜布寄 ……………… 91
14. 吹屋 …………………… 97
15. 賀陽 …………………… 103
16. 有漢 …………………… 105
17. 豊永 …………………… 109
18. 草間 …………………… 116
19. 野馳〜荒戸山 …………… 123
20. 新見〜大佐 ……………… 128
21. 勝山 …………………… 134
22. 蒜山 …………………… 139
23. 鏡野北部 ………………… 152
24. 鏡野南部 ………………… 159
25. 津山市内 ………………… 165
26. 津山東部 ………………… 172
27. 周匝〜柵原 ……………… 177
28. 伊坂峠〜三石 …………… 182
29. 前島 …………………… 187

Ⅲ. 岡山県の地学関係資料

§1. おもな鉱物 ……………… 190
§2. 地学関係天然記念物 …… 197
§3. 地学関係施設 …………… 199
§4. より詳しく学ぶために … 200

Ⅰ. 岡山県のおいたち

§1. 岡山県の地学めぐりのすすめ

　岡山県はどんな地層や岩石からできているのでしょう。岡山県の地質はどのようにしてつくられたのでしょう。「岡山県の地学めぐり」で紹介されるいろいろな地質時代の地層や岩石の観察を通して考えてみましょう。そのとき，目の前の地層や岩石が，岡山県や日本列島の地質の歴史においてどのような位置付けになるのかを考えながら観察すれば，地層や岩石のおいたちがよりいっそうわかりやすくなるはずです。岡山県の地史の説明には，プレートテクトニクスや付加体などの考え方が用いられます。より詳しく知りたい人は，§2. 地質の概要（8ページ以降）を読んでみましょう。

　地球には46億年の歴史があります。しかし，化石がすべての地層の中に見られるわけではありません。古生物が数多く化石として残っているのは，5億7千万年前にできた地層からです。これ以降の時代は古生物の出現，繁栄，絶滅を基準に大きく古生代，中生代，新生代に区分されています。その大まかな区分は，**表 I-1** のとおりです。この表には岡山県の地質の歴史も合わせて載せていますので，岡山県の地史の全体の流れを把握することができます。これらの地史は，岡山県内各地に分布している地層や岩石を丹念に調べてきた多くの研究者の努力によってわかってきました。地学めぐりで紹介されている地層や岩石を自分の目と足で確かめることによって，悠久（ゆうきゅう）の歴史をたどることができるのです。

（1） 岡山の基盤をつくる付加体―南の海からきた石灰岩　　古生代

　世界中でも日本は，地震活動や火山活動などの地学現象が最も活発な場所のひとつです。それは，日本付近がユーラシアプレート，北米プレート，太平洋プレート，フィリピン海プレートの四つのプレート境界に位置しているためです。岡山県がある西南日本の下には，フィリピン海プレートが北西方向へ沈み込んでいます。沈み込む場所は四国の沖の南海トラフ（海溝（かいこう））で，沈み込み境界では南海地震などの巨大地震の発生が想定されています。

表 I-1　岡山県の地質年表

単位：0 百万年	代	紀	世	
	新生代	第四紀	完新世	軟弱な沖積層が堆積して現在の平野が広がった 温暖化し縄文海進が起こる
			更新世	氷河期であった2万年余り前，鹿児島湾で噴出した姶良火山灰が降ってきた 大山の噴火で蒜山にせき止め湖ができた 瀬戸内海では平原でゾウやシカなど大型哺乳類が生息していた
2.6		新第三紀	鮮新世	人形峠から鳥取県佐治の方に谷ができ，三朝層群が堆積
			中新世	亜熱帯の気候であった 津山，新見，有漢，賀陽に海が入り，勝田層群が堆積 海進があった
23		古第三紀	漸新世	陸地だった 2 700～2 900万年ごろ，当時の谷を礫層が埋めて，"山砂利層"が堆積
			始新世	陸地だった 3 400～3 600万年ごろ，当時の谷を礫層が埋めて，"山砂利層"が堆積
			暁新世	陸地だった 5 500万年ごろ，6 000万年ごろ，当時の谷を礫層が埋めて，"山砂利層"が堆積
66	中生代	白亜紀		陸地だった 流紋岩の火山活動があり，花崗岩が形成された 乾期を伴う熱帯的な気候下で，谷埋め成の"礫石層"が堆積
145		ジュラ紀		秋吉帯から丹波帯および勝山剪断帯が屈曲する 勝山剪断帯が形成される 丹波帯での沈み込みが止まり，丹波層群は褶曲作用などの変動を受けて陸化 丹波帯の領域は深い海域であったが，その他は浅海から陸であったらしい
200		三畳紀		舞鶴帯と超丹波帯の地殻変動はこのころらしい 秋吉帯は陸から浅海，舞鶴帯は浅海，超丹波帯と丹波帯は深い海域であった
251	古生代	ペルム紀		舞鶴帯での堆積が活発になる 秋吉帯で地殻変動が起こり陸化する
299		石炭紀		岡山県全体は海域 阿哲，中村，高山などの石灰岩は当時の生物礁であった
359				

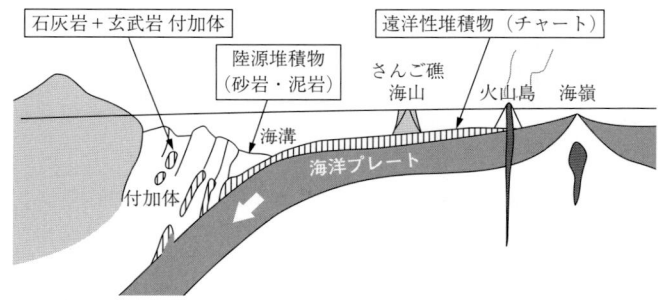

図 I-1 プレート運動と付加体の形成過程

　海嶺で生まれた熱いプレートは移動とともに冷たく重くなり，海溝で地下深くに沈み込んでいきます（**図 I-1**）。海嶺付近の海洋プレートの上の地層は，海底噴火によってできた玄武岩（枕状溶岩）からできています。海洋プレートが移動すると，その上には遠洋性堆積物のチャートや石灰質の軟泥が堆積していき，堆積物の厚さはしだいに厚くなります。海洋プレートにハワイ島のような火山島が存在すると，その周りにさんご礁が発達します。火山島もプレートの移動とともに海面下に沈降して，その頂上にさんご礁石灰岩をのせた海山になります。海洋プレートが海溝まで移動すると，海洋プレートは大陸プレートの下へ沈み込んでいきます。このとき海洋プレートの上に堆積した地層は，プレートと一緒には沈み込めず，陸側のプレートに押し付けられて付け加わっていきます。また，海溝には大陸から運ばれた大量の砂や泥が堆積します。この砂岩や泥岩の地層に，南から移動してきたいろいろな地層が付加されてできた地層を「付加体」といいます。

　こうしてできた付加体の地層は，海洋底の玄武岩，チャート，石灰岩，砂岩・泥岩から構成されます。付加体の地層は，後から付加される新しい地層がすでに付加されている古い地層の下へ底付けされるものです。そのような地層を野外で一見すると，新しい地層の上に古い地層が堆積していたり，地質時代の異なる地層が隣り合っていたりしています。プレートテクトニクスや付加体という新しい考え方が提出される以前は，どのようにしてそれらの地層ができたのか説明が難しかったのです。しかし，新しい考え方を用いると見事に説明することができるようになりました。地学めぐりでは，新しい考え方を用いて

できるだけわかりやすく岡山県の地史を説明しています。

それでは、古生代ペルム紀のころ、岡山県がどのような場所にあったかを考えてみましょう。当時、岡山県はアジア大陸の東縁の海底にあり、その沖合には海洋プレートが沈み込んでいて、海溝が海岸線に沿って伸びていたと考えられています。

図I-2 フズリナ石灰岩（表面を水で濡らすと化石が観察しやすくなります。白い斑点がフズリナの化石です）

岡山県の北西部の新見市から中西部の井原市にかけて、石灰岩が分布しています。この岩石は、サンゴ、ウミユリや紡錘虫（フズリナ）などの化石が堆積してできたものです（**図I-2**）。これらの石灰岩は、石炭紀の初めごろに赤道に近い地域の火山島起源の海山の上に発達したさんご礁やその周辺の海域に生息していたフズリナの遺骸が堆積してできたものです。石灰岩の周辺には、海山をつくっていた玄武岩や遠洋性堆積物のチャートや陸源の砂岩、泥岩が一緒に産出します。これらの岩石は、海溝付近で形成された付加体であると考えられます。

このようにしてできたペルム紀の付加体の地層は、沈み込み帯に沿って帯状に山口県、広島県から岡山県にかけて分布しています。これは、代表的な産地の地名をとって秋吉帯と呼ばれます。石灰岩を観察するときには、周辺に産出する石灰岩以外の玄武岩、チャートや砂岩、泥岩などの岩石も観察してみましょう。長期間にわたってプレートとともに移動してきたそれらの岩石のおいたちを考えると、地学のおもしろさを実感できるでしょう。

付加体の一部には、プレートの運動とともに地下奥深くまで押し込まれるものがあります。そこでは高い圧力を受けて、この岩石はもとの岩石とは異なった組織をもったものに変化します。この変成岩は、圧力により一方向に剝がれやすくなった岩石で、もとの岩石の種類によって緑色片岩（塩基性片岩）や黒色片岩（泥質片岩）と呼ばれます。このようにしてできた変成岩も帯状に分布していて、三郡変成岩と呼ばれます。地下20〜30km付近の深い場所で変成作用を受けた岩石がどのようにして地表付近まで上昇したかについては、

まだ不明な点が多く残っています。

地学めぐりにはいろいろな"帯"がでてきます。これらの帯は同じ時代に同じようなしくみでできた岩石が分布している地帯ということです。舞鶴帯,超丹波帯や丹波帯と,南側ほどより新しい時代の付加体となります。岡山県の基盤は,このようにペルム紀～ジュラ紀の付加体によって形成されたものです。

古生代の地学めぐりの案内は,8.芳井,13.羽山～布寄,17.豊永,18.草間,21.勝山などです。

（2） 恐竜の時代の大森林　　中生代三畳紀

古生代ペルム紀の終わりごろに大規模な地殻変動があり,海域の付加体が隆起し始めます。秋吉帯や舞鶴帯が陸化し,裸子植物やシダ類が繁茂して大森林を形成していたと考えられています。その証拠に,河川に堆積した植物が化石として残っています。特に成羽の化石は,シダ,トクサ,イチョウ,ソテツなど100種以上にも及び,約30種の新種も発見されたことから,「成羽の植物化石群」として世界的にも有名になりました（**図I-3**）。

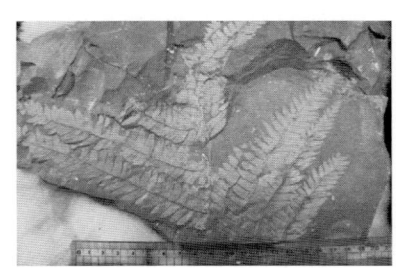

図I-3　植物化石（シダ植物）

成羽には,同じく三畳紀の浅海性の貝化石モノチスも産出します。モノチスは,中生代三畳紀の示準化石として有名な化石です。示準化石とは,産出する地層が堆積した地質時代を決めることができる化石のことです。地質を研究するとき,地層の中から示準化石を発見することはとても大切なことです。これらの植物化石も貝化石も大変貴重なもので,代表的な産地は県の天然記念物に指定されています。関連する地学めぐり案内は,11.成羽,日名畑,12.成羽,枝です。

（3）　五色の礫が入った美しい礫岩　　中生代白亜紀

白亜紀には岡山県が陸化していました。美作市福本から高梁市有漢,羽山,そして井原市稲木,出谷には河川がありました。成羽北部の羽山では,その河川に堆積した白色,赤色,緑色,黒色,灰色の礫を含んだ五色の礫岩が産出しています（**図I-4**）。礫の周りも,赤色の細かい泥のようなものでセメントさ

図 I-4 五色の礫岩

れています。とてもきれいな礫岩なので、庭石に使われたりしています。五色の礫の種類を調べて、どこから運ばれてきたか考えてみるのも楽しいでしょう。同時代の泥岩は広い範囲で堆積していて、「硯石層（けんせき）」と呼ばれています。泥岩には、淡水性のカイエビの化石を含むものもあります。関連する地学めぐり案内は12. 成羽、枝です。

（4） 岡山には火山活動が活発だった時代があった　中生代白亜紀

中生代後半には岡山県全域で火山活動が活発になります。安山岩類や流紋岩類が噴出して、古生代や三畳紀の地層の上に火砕流堆積物、火山灰の堆積や溶岩の流出が起こりました（**図 I-5**）。大量に噴出した火山噴出物の厚さは約2000 m以上にもなったと考えられており、火山活動が非常に活発であったと推定されています。岡山県に巨大な火山があったことを想像できるでしょうか。

図 I-5　流理構造をもった流紋岩

この時代には、岡山県の地下に大量の流紋岩質マグマが上昇してきていたことがうかがわれます。特に備前地域や和気地域には、流紋岩質溶岩や火砕流堆積物が広範囲で分布しています。

その後地下でマグマが形成され、ゆっくり冷却して花崗岩になりました。その後、土地が隆起して侵食され、花崗岩は地表に露出するようになりました。建築材料などの石材として利用されているのは、このようにして地表に露出した花崗岩です。岡山市で採石される万成石（まんなり）や笠岡市で採石される北木石（きたぎ）は全国的に有名な石材です。

備前市周辺の流紋岩類中には大規模な「ろう石鉱床」が形成され、それを原料とするセラミックス産業が盛んです。岡山特産品の備前焼を作成するための備前焼粘土は、備前市伊部（いんべ）周辺の流紋岩類が風化して生成した粘土が山ろくの

水田に堆積してできたものです。

中生代は,恐竜の生息していた時代としても有名です。日本でも,多くの場所で恐竜の化石が発見されています。兵庫県で恐竜が発見された篠山層群の地層と同様な地層が岡山県にも分布しています。火山噴火が盛んな時期でも活動が小休止していた時期があり,付近にできた湖沼に土砂などが流入して,植物化石を含む泥岩が形成されています。そのような堆積岩の中には恐竜の化石があっても不思議ではありません。残念ながら,岡山県ではまだ発見されていません。しかし,地学めぐりの中で紹介しているように地道な発掘調査により発見される可能性もありますので,今後が楽しみです。関連する地学めぐり案内は,28. 伊坂峠〜三石,5. 鴨方〜金光などです。

(5) 1600万年前にも昔の瀬戸内海が存在していた　新生代新第三紀中新世

約1600万年前の新第三紀中新世になると,岡山県は陸から海域へと変化して,現在の瀬戸内海と同じような景観をしていたと考えられています。この海を古瀬戸内海といい,熱帯地方のような気候のもとで,海にはクジラやサメが泳ぎ,海辺の干潟にはマングローブの林が繁茂し,示準化石のビカリアやカニやシャコの仲間などが生息していました。さらに,カバに似た生物パレオパラドキシアも生息していたようです。大きな貝などの化石を含まない砂岩の中にも,オパキュリナやミオジプシナなどの有孔虫と呼ばれる微化石が含まれています(**図I-6**)。

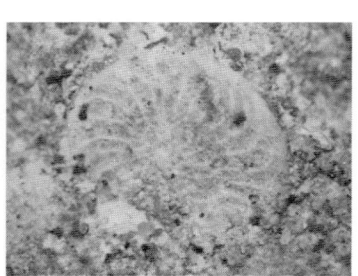

図I-6　砂岩の中の有孔虫化石(オパキュリナ)

有孔虫は石灰質の殻を持っていて,化石として残りやすい性質を持っています。オパキュリナは,暖かい浅海に生息していたと考えられ,中新世の環境を知ることができる示相化石です。ミオジプシナは中新世の示準化石として有名です。これらの有孔虫化石は,ルーペなどで観察できる大きさをもっていて,多彩な模様によって見る者の目を楽しませてくれます。県内のいろいろな場所に分布している中新世の地層について,有孔虫化石に注目して調べてみるのも

8 I. 岡山県のおいたち

おもしろいでしょう。関連する地学めぐり案内は，9. 高山，19. 野馳〜荒戸山，20. 新見〜大佐，24. 鏡野南部，25. 津山市内，26. 津山東部などです。

（6） 自分だけの岩石標本づくりのすすめ

中学校や高等学校で学習する火成岩，堆積岩，変成岩の代表的な岩石のほとんどは，岡山県内で採集できます。「Ⅱ. 地学めぐり」で露頭の場所を調べて，どのようなコースをたどればどんな岩石が採集できるかを考えてみましょう。各露頭では，産状を観察・写真撮影し，岩石の成因などを調べて，自分だけのテキストを作りましょう。市販の岩石標本とはひと味違った，オリジナルの岩石標本を作成することができます（**図 I-7**）。

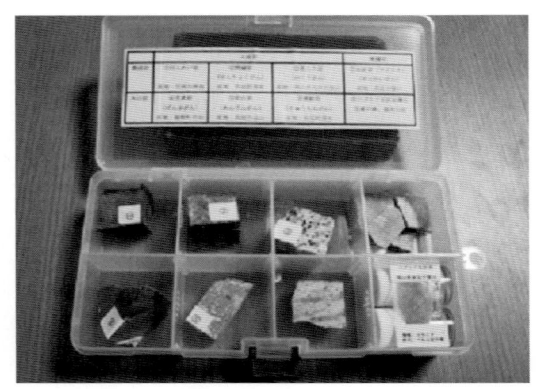

図 I-7　自分で作った岡山県産火成岩標本

岡山県内には貴重な地学の自然遺産が多数あります。「地学めぐり」に紹介されている地学の自然遺産である地層や岩石を観察して，岡山県や日本列島の地史を組み立ててみると，科学の楽しさや魅力を満喫できるはずです。

（山口一裕）

§2. 地 質 の 概 要

「地質学」という用語を作り，西欧で芽生えた地質学を日本に紹介した江戸時代末期の洋学者，箕作阮甫（1799〜1863 年）は津山の人です。明治時代

§2. 地質の概要

になって、日本でも近代科学として地質学が興ると、岡山県でも地質調査が盛んに行われるようになりました。1888（明治21）年に金田楢太郎が高梁市成羽町深瓰から三畳紀後期（地質年代は2ページを参照）を示す二枚貝化石モノチス（*Monotis ochotica*）を発見したことは[1]†、岡山県で初めて地質時代の手がかりを得られた点で画期的なことでした。それ以来、この地域は研究の場として注目されていきました。その後、古生代後期のフズリナやサンゴの化石、中新世の二枚貝や巻貝化石などが発見され、地層が時代によって区分されていきます。吹屋銅山や成羽炭田など多くの鉱山が開発され、それに伴って調査も進みました。1920年代から1930年代にかけて、当時商工省にあった地質調査所から、7万5千分の1地質図幅「岡山」「西大寺」「高梁」「庄原」「府中」が次々と発行されています。

高梁市川上町旧大賀村には、有名な「大賀の押被（大賀デッケン）」露頭があります[2]。三畳系成羽層群の上に、これよりも古い時代（古生代）の石灰岩がずり上がってできたと考えられてきたものです（衝上断層）。発見当初は地殻変動があったことを示す重要な証拠と見なされ、その時期を佐川造山運動の大賀時階と名付けることにもなりました[3]。しかしその後の再検討によって、断層ではなく不整合関係を示す露頭であることがわかりました[4]。大賀衝上断層の多くの部分も存在しないことがわかり[5]、大賀時階も重要なものとは見なされなくなりました（75〜77ページ参照）。

岡山県の地質に関する調査研究には膨大な蓄積ができ、新しい成果も多数得られています。しかし「大賀の押被」の例もあるように、誤りであると判明したもののほか、矛盾する見解も多くあります。そこで、以下に述べる「地質概要」では、最新の情報を加えて、地史ができるだけ正しくなるよう努めました[6]。

岡山県の地質は、ジュラ紀末以前の島弧地殻を形成した活動的な時期（先白亜紀）とその後の比較的安定した時期（白亜紀以降）に二分されます。

岡山県は西南日本の内帯に属します。石炭紀（おそらくそれ以前）からジュラ紀にかけて、大陸地殻と海洋地殻の境界部にあり、日本島弧の地殻が段階的に海洋側に成長していきました。その各段階ごとに、特徴的な地質をもった複

---

† 肩付き数字は、章末の参考文献の番号を表します。

10   I. 岡山県のおいたち

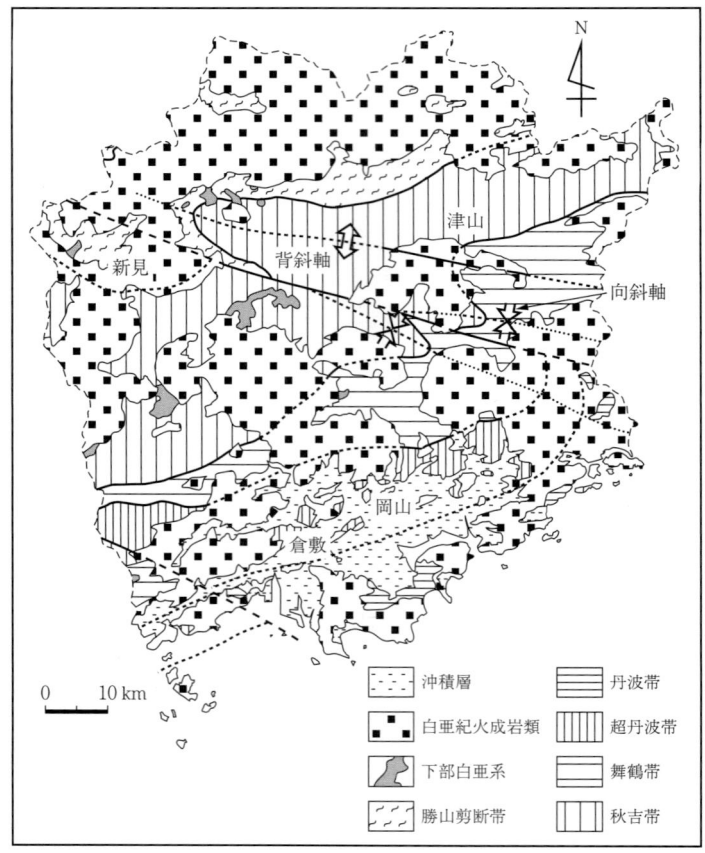

地帯名	構成する地層の時代	変動時期（褶曲作用や断層運動）
秋吉帯	石炭紀～ペルム紀中期	ペルム紀後期
舞鶴帯	ペルム紀中期～三畳紀後期	三畳紀末
超丹波帯	石炭紀～ペルム紀後期（三畳紀？）	三畳紀末～ジュラ紀？
丹波帯	ペルム紀～ジュラ紀	ジュラ紀末

図 I-8 岡山県での地帯の配列と構造[6]

§2. 地質の概要　11

数の地帯に区分できます。岡山県の場合，図 I-8 のように北から秋吉帯（中国帯），舞鶴帯，超丹波帯，丹波帯に区分されます。県北部にはその後，勝山剪断帯が形成されています。各地帯はそれぞれ固有の歴史（地史）をもっています。その地史の要素としておもなものは，堆積盆の形成（地層の形成）とその後の地殻変動（地層の変形や変成）です（図 I-9）。

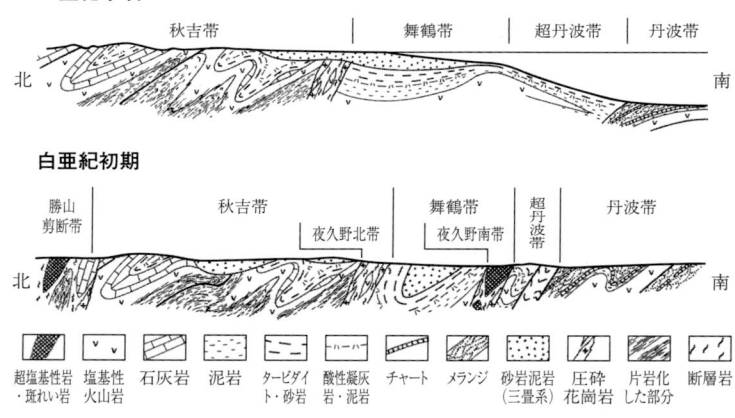

図 I-9　先白亜紀の地史を示す岡山県内の地質断面図（模式図）

（1）秋吉帯（中国帯）

この地帯は三郡変成岩，阿哲石灰岩層群に代表される石灰岩主体の地層，芳井層群などの非石灰岩主体の地層，および夜久野北帯の岩石からなります。これらの地層は，おそらく石炭紀より古い時代からペルム紀中期にかけて堆積したものです。これらは堆積した直後に，おそらくペルム紀後期の地殻変動によって褶曲しました。この変動期に，舞鶴帯との境界地帯（夜久野北帯）には夜久野岩類と呼ばれる火成岩の活動や断層があったと考えられます。その後，これらを傾斜不整合におおう三畳系の被覆層が，限られた地域に堆積しています。秋吉帯は古生代半ばからペルム紀中期に地層の堆積があり，ペルム紀後期に主要な地殻変動があった地帯です。

（ア）構成する地層と岩石

○ **三郡変成岩**　　高圧型の広域変成岩である，泥質片岩（源岩は泥岩），珪

質片岩（源岩は酸性凝灰岩だったものが多い，図I-10），砂質片岩（源岩は砂岩），塩基性片岩（源岩は塩基性凝灰岩）からなります。地層が堆積した時代は，化石が変成作用によって残されていないため不明ですが，少なくとも石炭紀前期よりも古い層（古生層）と推測されます。石炭紀前期にできた石灰岩層群よりも下にあるからです。

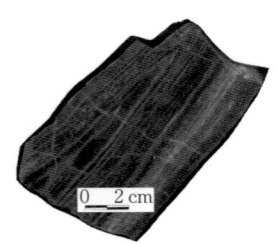

図I-10 褶曲した三郡変成岩の珪質片岩（高梁市中井町西方）

○ **阿哲石灰岩層群，中村石灰岩層群，高山石灰岩層群などの石灰岩主体の地層** それぞれの層群はほぼ同じ岩石と層序をなします。下位から塩基性溶岩および同質凝灰岩（石炭紀前期），石灰岩（石炭紀前期からペルム紀中期），泥岩および砂岩（ペルム紀中期）の順に堆積しています。石灰岩はかつて生物礁だったと考えられています。石灰岩は浅い海の地層ですが，チャート（堆積岩の一種）をはさむことから，堆積場の一部はやや深い環境まで広がっていたと推測されます。

○ **芳井層群などの非石灰岩主体の地層** おもに泥岩や砂岩（図I-11）からなり，塩基性凝灰岩，酸性凝灰岩やまれにチャートをはさみます。堆積した時代は石炭紀後期末からペルム紀中期と考えられています。砂岩と泥岩の多くは互層して，砂岩の層に級化層

図I-11 褶曲した芳井層群砂岩泥岩互層（高梁市川上町上大竹）

理が認められるタービダイト（40ページ参照）です。タービダイトは海底扇状地に堆積しますので，石灰岩主体の地層より深い海の環境で堆積したと考えられます。流紋岩質の火成岩は大陸地殻で形成されますので，酸性凝灰岩がしばしば見いだされることから，この堆積場が大陸からそれほど遠方でないと思われます。

○ **夜久野北帯の岩石** 岡山県内では輝緑岩や圧砕花崗岩が主体をなしま

すが，美作市大原町では斑れい岩が，京都府北部では角閃岩や黒雲母片麻岩が分布します。これらの岩石には剪断変形したものが多く，岩体の周囲には断層岩を伴うことから，断層活動によって形成された地帯と考えられます。京都府舞鶴市志高ではこの岩体の圧砕花崗岩を三畳紀前期の志高層群が不整合でおおうので[7]，夜久野北帯の形成時期はそれより前の，おそらくペルム紀後期と考えられます。

○ **被覆層（広野累層，共和層，成羽層群など三畳系）**　　いずれも礫岩，砂岩，泥岩からなり，浅海から沖積平野に堆積した地層です。それぞれの地層の分布は狭く限られます。広野累層は貝化石モノチス（三畳紀後期）を産する地層です。津山盆地東部に分布し，褶曲した三郡変成岩や，それを切る夜久野北帯の岩石を不整合でおおいます。

共和層は貝化石ミネトリゴニアなどを産する三畳紀後期の海成層です。成羽層群はモノチス化石と植物化石で知られる三畳紀後期の地層で，海成層（貝化石を産する）と陸成層（植物化石や石炭を産する）からなり，成羽層群は中村石灰岩層群を不整合におおうことが確かめられています[4]。

（イ）　地殻変動とその時期

地殻変動は褶曲作用と広域変成作用，およびそれに引き続く古い断層運動に表れています。被覆層以外は，圧縮による強い変形を受け，閉じた形態の褶曲構造をなしています。変成作用は石灰岩主体の地層より下位で顕著で，これらを片岩で代表される三郡変成岩に変えています。この変成作用は阿哲石灰岩層群の下部（新見市井倉など）の一部にも達しています。

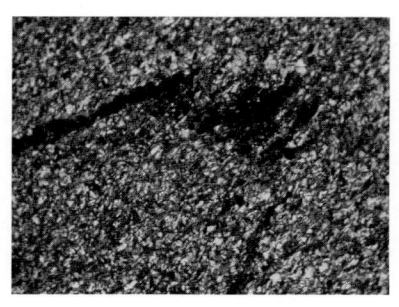

図I-12　珪質片岩の褶曲
片理面をなす白雲母（見えにくいが微小な板状結晶）は褶曲軸面に平行に配列している（図I-10の褶曲のヒンジ部分を顕微鏡で撮影，直行ニコル，横2mm）

褶曲軸面に平行に片理が形成されているところが観察されます（**図I-12**）。このことから，広域変成作用と褶曲作用はほぼ同じ時期に起こったと見なされます。その後，これらの構造を切って衝上断層など断層が形成されたと考えられます。

被覆層は、基盤と比較すると顕著な変形は受けていません。被覆層も褶曲していますが、その褶曲構造は、基盤の地層に形成された閉じた褶曲構造や、その古い褶曲作用による劈開組織を曲げています[8]。このことから、主要な褶曲作用は、被覆層堆積以前にすでに起こっていたことがわかります。被覆層のうち最も古い三畳紀前期の志高層群（京都府）と御祓山層（兵庫県）は褶曲しておらず、褶曲したペルム紀中期の地層を不整合におおうことから、褶曲時期はペルム紀中期の地層が堆積した後から三畳紀前期の地層堆積以前で、おそらくペルム紀後期でしょう。この褶曲の後に断層運動が主体の夜久野北帯が形成されたと考えられます。図I-9に示すのは、この変動が終わってしばらく後の三畳紀中ごろの様子です。

（2） 舞　鶴　帯

ペルム紀の舞鶴層群、三畳紀前期の福本層群、三畳紀後期の金川層からなる地帯と、火成岩からなる夜久野南帯で構成されます。

（ア）　構成する地層や岩石

○ **舞鶴層群**　下部層、中部層、上部層に区分されます。下部層は塩基性溶岩および同質凝灰岩からなり、その形成された時代はペルム紀中期の初めごろと推定されています。中部層は無層理泥岩が主体で砂岩を伴います。下部と上部に酸性凝灰岩をはさむことが特徴です。下部の層準の酸性凝灰岩層は美咲町柵原地域では厚く、凝灰角礫岩や黄鉄鉱鉱床を伴います。中部層の時代はフズリナ化石や放散虫化石からペルム紀中期です。上部層は下半部と上半部に分けられます。下半部は砂岩とタービダイトが主体で、上半部は泥岩が主体で石灰岩を伴う部分と、礫岩砂岩が主体の部分からなります。

中部層から上部層下半部まではフズリナ化石レピドリナ（*Lepidolina*）によって特徴づけられます。レピドリナはペルム紀中期末で絶滅したと考えられています。上部層上半部はフズリナ化石パレオフズリナ（*Palaeofusulina*）と有孔虫化石コラニエラ（*Colaniella*）を産しますので、ペルム紀後期の地層です。堆積した当時はおもに陸棚の環境にあり、上部層上半部の時期ではより浅くなったと推測されます。

○ **福本層群**　砂岩が優勢で、そのほか砂岩泥岩互層と泥岩からなります。二枚貝化石をしばしば産し、まれにアンモナイト化石も見いだされています。これによって、福本層群の大部分は三畳紀前期で、一部中期まで達しているこ

とがわかっています。この地層は浅海から陸棚に堆積したと考えられます。

○ 金川層　　おもに淘汰の良い花崗岩質の砂岩からなり泥岩を伴います。二枚貝化石のほか，最下部で植物化石を産出し，時代は三畳紀後期です。おもに浅海に堆積した地層ですが，最下部は陸成になります。

○ 夜久野南帯の岩石　　舞鶴帯の南縁に沿って分布します。輝緑岩，斑れい岩が主で，一部に超塩基性岩を伴います。このような岩石の組み合わせは，超塩基性岩，斑れい岩，玄武岩（輝緑岩と同じ組成）からなる海洋地殻と同様です。また，しばしば圧砕花崗岩や断層岩を伴います。

（イ）　地殻変動とその時期

舞鶴層群，福本層群，金川層は同じ褶曲作用で変形を受けて複向斜構造をなしています。この向斜褶曲の軸は舞鶴帯の中央を舞鶴帯の分布に沿って走ります。向斜の北翼（秋吉帯側）の地層は逆転して北（秋吉帯側）に傾斜し，南翼（超丹波帯側）は正常位で北（秋吉帯側）に傾斜する過褶曲の形態をなします。褶曲軸面に平行なスレート劈開の形成を伴っています。舞鶴帯に分布する白亜系は褶曲していないため，この褶曲時期は三畳紀後期の地層の堆積後，白亜系堆積以前の，おそらく三畳紀末と推測されます[9]。

夜久野南帯は，その北縁と南縁は断層で区切られています。圧砕花崗岩や断層岩をしばしば伴うことから，断層運動によって地下深部からもたらされたと考えられます。

（3）　超　丹　波　帯

福井県と京都府の境界地域に模式地はあり，大飯層の地帯と氷上層の地帯からなります。岡山県では大飯層に相当する江尻層などと，氷上層に相当する万富層などが分布します。

（ア）　構成する地層

○ 大飯層に相当する地層　　泥岩が優勢であり，タービダイト，砂岩，チャート，酸性凝灰岩，塩基性凝灰岩，石灰岩レンズおよびオリストストローム（40ページ参照）からなります。コノドント化石や放散虫化石から，地層の時代は石炭紀からペルム紀後期と考えられています。遠洋での堆積環境が推測されますが，酸性凝灰岩の存在は大陸縁辺であったことを示していると思われます。

○ 氷上層に相当する地層　　おもにタービダイトからなります。砂岩優勢

のものと泥岩優勢のものからなります。後者にはコンターライトと呼ばれる，深海の底層流によって形成された，薄い淘汰のよい微粒砂岩と泥岩の互層も認められます。多量の砂岩は大陸からもたらされたものなので，堆積場は大陸縁辺の深海底と考えられます。明瞭な示準化石は今のところ見いだされていませんが，ペルム紀の地層と推測されています。

（イ）　地殻変動とその時期

超丹波帯を構成する地層は，褶曲軸が超丹波帯の分布方向と平行な褶曲を形成しており，形態は過褶曲をなします。また，褶曲軸面に平行なスレート劈開の形成を伴っています。褶曲の時期は舞鶴帯の変動時期と同じ三畳紀末ごろが妥当と考えられますが，よくわかっていません。

（4）　丹　波　帯

（ア）　構成する地層

岡山県南東部に分布しますが，白亜紀の花崗岩の貫入や流紋岩の被覆によって，丹波層群と呼ばれる丹波帯の地層の分布は限られています。良好な露頭は兵庫県以東に見られます。遠洋性の地層に特徴的なチャートを普遍的に伴っています。また沈み込み帯で形成されたと解釈される，メランジ（40ページ参照）と呼ばれる混在岩が多く存在します。そのほかにタービダイト，砂岩，泥岩，塩基性凝灰岩，石灰岩からなります。酸性凝灰岩はごくまれにしか存在しません。時代は遠洋性の生物である放散虫化石によって調べられ，石炭紀中期からジュラ紀後期に達します。

（イ）　地殻変動とその時期

メランジは引きちぎられた地層と剪断面の発達が顕著で，散在する地層片には未固結時に形成されたと考えられる塑性(そせい)変形が認められることが特徴です。すなわち，地層が堆積した直後にかく乱されたもののようです。後述する断層岩とのおもな違いは，この未固結時変形を伴うことです。メランジも他の整然層と同様に褶曲作用を受け，スレート劈開が形成されています。このことから，丹波帯では沈み込みによって一部の地層がメランジとなって付加し，その後それらが褶曲したと考えられます。褶曲の時期はジュラ紀後期から白亜紀前期の間です。

（5）　勝山剪断帯

岡山県北部の新見(にいみ)市大佐から真庭(まにわ)市勝山，さらに津山市北部の加茂(かも)へと連続

します。もとは地殻深部で形成された蛇紋岩から，地表で形成された石灰岩をはじめ，三郡変成岩，非変成古生層，ジュラ系山奥層，圧砕花崗岩など多様な岩石が大小のブロックをなし，それらの境界には断層岩が分布しています。断層岩は，礫状の岩片が泥岩中に混在する様相をなすことから，乱堆積物のオリストストローム（40ページ参照）と考えられたことがありました[10]。その後，断層運動によって形成される断層岩の認識が広まってきました。

断層岩には，剪断変形による複合面構造であるY面とP面がよく形成されます（**図 I-13**）。Y面は断層変位によるすべり面で，一種の断層面です。P面は，それと斜交した面で塑性変形した破砕片の伸張方向や，断層粘土に弱く形成した雲母類の定向配列などによって特徴づけられます。このようなことから，この地域の混在した産状の岩石は断層岩（**図 I-14**）であることがわかってきました。この剪断帯の断層岩は，中程度の深度で形成されたもので脆性変形が優勢です。脆性破壊でできた破砕片と断層粘土が硬く岩石化しています。このような断層岩の産状と，上記の多様な岩石の存在から，この地帯は剪断帯と見なされます[11), 12)]。この剪断帯は岡山県内では秋吉帯を切っていますが，東に兵庫県から京都府の北部，さらに福井県に続いていくなかで，舞鶴帯から丹波帯を切り，飛騨外縁帯の剪断帯に続くと考えられます。

ジュラ系山奥層は蛇紋岩体や三郡変成岩の岩体と断層岩を介して接し

図 I-13 断層運動によって形成された面構造の例

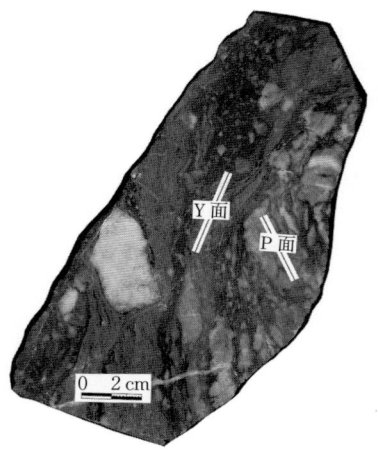

図 I-14 断層岩

ており，剪断帯に含まれます。また剪断帯は白亜紀前期のいわゆる硯石層(けんせき)に不整合におおわれています。このことから，剪断帯の形成はジュラ紀後期から白亜紀前期の間ということになります。勝山剪断帯は分布を追うと図I-8のように屈曲しています。この屈曲による褶曲軸は西北西-東南東方向ですが，褶曲軸は西北西に急傾斜しています。この構造は丹波帯にも及んでいますが，下部白亜系には影響を与えていません。

以上のように先白亜紀，すなわち古生代から中生代ジュラ紀の間に，秋吉帯，舞鶴帯，超丹波帯，丹波帯の順に，海洋側に新しい地帯が形成され，日本列島の島弧地殻が成長していったと推測されます。この変動の末期には勝山剪断帯が形成されました。図I-9はこの時の地質断面図です。その直後にすべての地帯が屈曲するという変動が起こり，内帯での地殻の大枠が形成されたようです。図I-8にはその屈曲も示されています。

（6） 白亜紀以降の地層と古環境変遷
（ア） 白亜紀前半ごろ　いわゆる"硯石層"

本層の泥岩は赤色を呈し，山口県産のものは硯(すずり)に利用されているため，このように呼ばれています。正式には北九州地域では「関門層群(かんもん)」，高梁市成羽北部では「羽山層(はやま)」，井原市最南部では「稲倉層(いなくら)」と命名されています。図I-8では下部白亜系として示されています。

北九州から韓国の釜山(ぷさん)にかけて分布する関門層群は沖積平野から湖に堆積した地層で，釜山では恐竜の足跡が多数発見されています。成羽北部では当時の谷を埋めて堆積した河川の地層，羽山層が分布しています。これらの層は，礫岩と赤色な泥岩からなります。礫岩は河川の流路に堆積したもので，石灰岩や流紋岩の白い礫，チャートの赤い礫，輝緑岩の緑色の礫，泥岩の黒い礫などの多様な礫と，赤色の砂混じり泥岩の基質からなり，五色石(ごしき)とも呼ばれます。

泥岩は氾濫原に堆積したもので，その中には乾燥気候の土壌中に形成される石灰質の塊（カリーチ）が不規則に点々と層をなしてはさまれています。このことから，羽山層が堆積した当時は，乾燥がちで時折降雨がある環境下にあったと推測されます。すなわち，降雨時に礫や土砂が流され，礫は流路に残り，泥は氾濫原(はんらんげん)に広がって堆積したと考えられます。

氾濫原では乾期に地中の水分が地表から蒸発するため，カリーチが形成されたと推測されます。植物化石の産出はきわめてまれですので，当時は植生が乏

しかったようです。泥岩が赤いのは赤色土壌が堆積したためと推測されます。この赤色土壌は，それ以前の高温多湿な環境で形成されたものと考えられます。高温多湿の熱帯降雨林の環境が，半砂漠的な環境に変化したことが，羽山層の堆積に関わったと推測されます[13]。

(イ) 白亜紀後半ごろ　火成岩類

大まかに見ると，安山岩質の火山活動，流紋岩質の火山活動，花崗岩の形成の順に活発な火成活動がありました。流紋岩類は，溶岩ドームの部分であった流紋岩，噴火した火山礫が堆積してできた流紋岩質凝灰角礫岩，火砕流で形成された流紋岩質溶結凝灰岩，噴火による降下火山灰が堆積した流紋岩質凝灰岩からなります。図I-8と「裏見返し」に示されるように，これらの火山噴出岩は現在でも岡山県の50数％をおおっています。これまで相当な量が侵食作用によって削り取られたでしょうから，当時は巨大な火山が連なってそびえていたことが推測されます。火山活動の休止期に堆積したと考えられる湖の地層が，この火山岩類にはさまれて小分布しています。浅口市鴨方町の杉谷では針葉樹，広葉樹，ソテツなどの多様な植物化石が見つかっています。これらの化石の内容から温帯の気候が推測されます。

(ウ) 古第三紀　いわゆる"山砂利層"

吉備高原にはところどころに"山砂利層"と呼ばれる礫層が露出しています。この礫層中のこぶし大の丸い礫は河原で見かけるものとよく似ています。山の上に河原の砂利があるのは奇妙ですが，この礫層の分布を詳しく追跡すると，**図I-15**に示されるように，かつての川筋が復元できることが明らかになってきました[14]。

山砂利層の基底面の形態から，堆積直前の谷地形が復元できます。河原ではインブリケーション（80ページ参照）という，扁平な礫が下流側に傾く礫の配列が形成されますが，山砂利層にはこの構造が認められます。これを利用して古流向を求めると，どこも北から南に流れていたことがわかりました。さらに，はさまれている火山灰層のフィッション・トラック年代測定によると，6000万年前，5500万年前，3600〜3400万年前，2900〜2700万年前と数回の堆積期があることが判明しました[15]。このころの北九州では，広大な平野に地層が堆積して，筑豊炭田などの石炭が形成されていました。一方岡山県では，復元された谷地形から，当時は山がちな地形だったと推測されます。ある

20　I．岡山県のおいたち

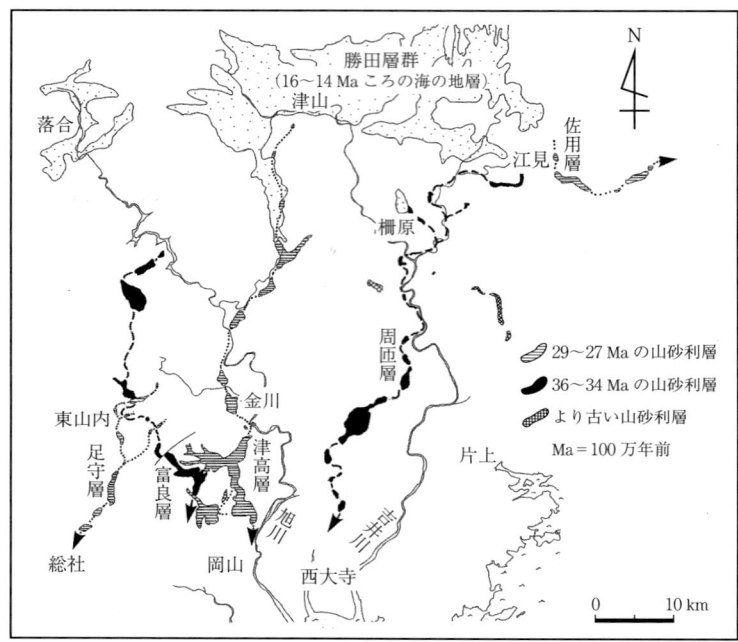

図 I-15　古第三紀"山砂利層"の分布

とき谷が山砂利層の堆積で埋め立てられ，その後新たに別の谷が形成され，そこがまたつぎの山砂利層で埋まる，というように侵食と堆積を繰り返していたと推測されます。

（エ）　新第三紀中新世　勝田(かつた)層群

津山盆地から久世(くせ)，落合(おちあい)，新見(にいみ)，哲西にかけて，中新世の貝化石を産出する地層が分布します。勝田層群や備北(びほく)層群と呼ばれ，おもに干潟(ひがた)や浅海で堆積した地層からなります。地層を詳しく追跡すると，入り江や島が復元でき，現在の瀬戸内海のような地形が推測されます。初めに河川の礫や泥からなる層が堆積し，続いて砂まじりの泥からなる干潟の層，潮流で運ばれた砂からなる浅海の層，泥からなる沖合の層の順に重なっています。この堆積相の変化から，海水準が上昇していったことがわかります。干潟の地層からはマングローブの花粉化石が検出されています。ビカリアやマングローブシジミなどの貝化石か

ら，沖縄やフィリピンのような亜熱帯の気候であったことが推測されています[16]。

（オ） 新第三紀中新世末期　三朝層群

鳥取県との県境地域である人形峠（にんぎょうとうげ）周辺に，この時代の地層が残っています。三朝層群と呼ばれ，そのうちの人形峠層はウラン鉱床を含んでいました。河川や湖に堆積した地層で，辰巳峠ではブナやケヤキなど広葉樹の葉の化石や昆虫化石を多産します。温帯の気候が推定されています。

（カ） 第四紀更新世の地層

瀬戸内海の海底に分布するものと，蒜山盆地に分布する蒜山原層があります。瀬戸内海ではゾウやシカなどの大型哺乳類化石が，よく底引き網にかかって引き上げられました。これまで発見された化石の総数は，瀬戸内海地域だけで1万点を超えていると推測されます。大型哺乳類が多数生息する豊かな環境があったことが想像されます。これらの地層はおよそ200万年前から数万年前まで，断続的に堆積したようです。

多くの大型哺乳類が生きていくには広い面積の植生が必要です。しかし，海進が起きてこの地方は多島海となりました。そのため，ゾウは住めなくなりました。瀬戸内海海底の地層は，氷河期に日本列島が大陸と陸続きで，この海域から大陸棚にかけて広大な平野が続いていたときにできたものでしょう。

蒜山原層は，大山の噴火によってせき止められた湖に堆積した地層です。上部は砂礫が主体ですが，下部は厚い珪藻土からなります。

（キ） 完新世　沖積層

最終氷期以降の海水準上昇に関わって，約1万年前から堆積し，現在の沖積平野を形成した地層です。氷河期には瀬戸内海は広い平原で，人間はゾウやシカなどを狩っていたのでしょう。そこが海になってしまったのは，およそ8000年前で，人間にとって大変なことだったかもしれません。その後人間は農耕を始めます。弥生時代の中ごろから，おそらく山林を切り開いたからでしょうか，洪水が頻繁に発生するようになったことが，考古学の研究でわかってきました。岡山県で干拓が大規模に行われたおもな原因は，このような人為的な影響もあって，地層の堆積によって海が浅くなったことにあるようです。

（鈴木茂之）

参 考 文 献

1) 金田楢太郎（1888）：Geology of the Tesyo-Kawakami district, 東京大学進級論文
2) 小澤儀明（1924）：中生紀末の大推し被せ, 地質学雑誌, **31**, pp.318-319
3) 小林貞一（1951）：日本地方地質誌総論―日本の起源と佐川輪廻―, 朝倉書店, p.351
4) 大藤　茂（1985）：岡山県大賀地域の非変成古生層と上部三畳系成羽層群との間の不整合の発見, 地質学雑誌, **91**, pp.779-786
5) 沖村雄二・長谷　晃（1973）：岡山県成羽町北西地域の"大賀衝上", 梅垣嘉治先生退官記念論文集, pp.113-120
6) 鈴木茂之（2009）：岡山県の地質と地質学史, 地質学史懇談会会報, **33**, pp.11-18
7) 中沢圭二（1961）：夜久野地域のいわゆる夜久野貫入岩類（舞鶴地帯の層序と構造その9）, 槇山次郎教授記念論文集, pp.149-161
8) 鈴木茂之・小坂丈予・光野千春・昭和61年度岡山大学地球科学科進級論文履修生一同（1990）：岡山県川上部周辺の古生界および三畳系にみられる褶曲の構造解析, 地質学雑誌, **96**, pp.371-377
9) 鈴木茂之（1987）：舞鶴帯東部の堆積史と造構史, 広島大学地学研究報告, **27**, pp.1-57
10) 三宅啓司（1985）：岡山県勝山地域の二畳紀オリストストローム, 地質学雑誌, **91**, pp.463-475
11) Suzuki, S., Asiedu, D. K. and Shibata, T. (1997)：Compositions of sandstones of the Kenseki Formation and paleogeographic reconstruction in the Lower Cretaceous, Inner side of Southwest Japan, *Journal of Geological Society of the Philippines*, **52**, pp.143-159
12) 大原道有・鈴木茂之（2003）：岡山県北部, 勝山地域に分布する剪断帯の地質及び断層岩ファブリック, 日本地質学会西日本支部第146回例会講演要旨, p.12
13) 鈴木茂之・D. K. Asiedu・藤原民章（2001）：岡山県成羽地域の下部白亜系河成層―羽山層, 地質学雑誌, **107**, pp.541-556
14) 鈴木茂之・檀原　徹・田中　元（2003）：吉備高原に分布する第三系のフィッション・トラック年代, 地学雑誌, **112**, pp.35-49
15) 田中　元・鈴木茂之・宝谷　周・山本裕雄・檀原　徹（2003）：吉備高原周辺の古第三系に関する最近の知見とその古地理学的意義, 岡山大学地球科学研究報告, **10**, pp.15-22
16) Taguchi, E. (2002)：Stratigraphy, molluscan fauna and paleoenvironment of the Miocene Katsuta Group in Okayama Prefecture, Southwest Japan, *Bull. Mizunami Fossil Museum*, **29**, pp.95-133

II. 岡山県の地学めぐり

　本章では，岡山県内で地学的に興味深い所を29か所取り上げました（前見返し参照）。紹介したい所はこのほかにも多数ありますが，ぜひ訪れて地学に興味を持ってもらいたい所に絞っています。道路沿いで観察できる場所が中心ですので，車を使えば効率的に回れます。一つのコースは半日あれば見て回れるでしょう。1か所の露頭に腰を落ち着けてじっくり観察してみると，新しい発見があるかもしれません（**図 II-1**）。

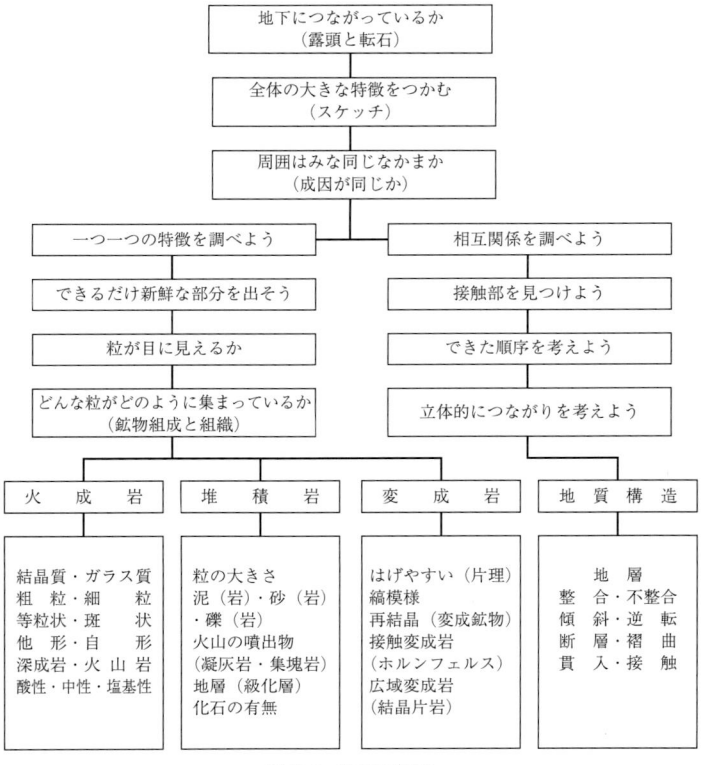

図 II-1　露頭の観察

地学めぐりに際しては十分に準備を整え，事故のないように注意し，自然を大切にする心を持ってみだりに壊したりしないようにしましょう。

つぎに，準備物，服装，露頭で注意することを簡単にまとめておきます。

準 備 物

① ハンマー（岩石用のものを用いる。普通の金づちは壊れやすい）
② クリノメーター（地層の走向や傾斜を測定する。ケース付が便利）
③ 地形図（国土地理院の5万分の1，2万5千分の1の地形図）
④ 野帳（フィールドノート，ポケットに入る程度で最も大きいもの）
⑤ 筆記用具（鉛筆，6〜12色の色鉛筆，消しゴム）
⑥ 標本袋（布製，丈夫なビニール袋でもよい。新聞紙，綿もあるとよい）
⑦ 油性サインペン（岩石に直接書き込むことができる）
⑧ ルーペ（虫めがね），たがね，ゴーグル（眼鏡でもよい），懐中電灯，救急薬，スケール（2m程度），水筒，弁当，カメラなど，必要に応じて準備しましょう。
⑨ GPS（観察地に東経・北緯が表示されているので，間違いなく現地に行くことができます）

服 装

できるだけ身軽に行動できるように。特に足元はしっかりとした靴をはきましょう。夏でも長そで，長ズボンがよく，帽子，軍手，タオルも忘れないように。雨具もつねに用意しておくと安心です。

荷物はまとめてリュックサックなどに入れ，歩いているときは，ハンマー以外は手に持たないようにしておくと忘れ物を防げます。

露頭での注意

露頭では，上から岩石が落ちてこないか注意するとともに，周囲の人に迷惑がかからないかよく確かめて岩石の観察や採集をしましょう。また，観察や採集した後の岩石のかけらや土砂は片づけましょう。目の保護のために，ゴーグルや眼鏡を着用するとよいでしょう。

整 理

観察して記録したことや採集した標本などは，必ずその日のうちに整理しておきましょう。

1. 岡山市内 —万成花崗岩—

　岡山市街地北部の矢坂山・京山周辺には，おもに白亜紀の花崗岩（広島花崗岩）が広く分布しています（図1-1）。これらの丘陵の花崗岩中に，小規模な中性から酸性の火成岩岩脈が貫入しているほか，古第三紀の山砂利層も小規模に分布しています。これらの丘陵の花崗岩には，粗粒と細粒の2種類の岩相が認められます。特に矢坂山北部一体には，桃色のカリ長石を含む粗粒花崗岩（石材としては万成石や桜御影と呼ぶ）が分布し，古くから採石され建築材料として利用されています。市街地の数か所には，花崗岩の小規模な露頭が顔をのぞかせています。烏城公園もその一つで，花崗岩の上に城が建てられています。昔はこれが瀬戸の海に浮かんでいた小島で「岡山」と呼ばれ，現在の岡山の地名の発祥といわれています。

〔みどころ〕
① 矢坂山一体の万成花崗岩採石場と加工工場を見学しましょう。

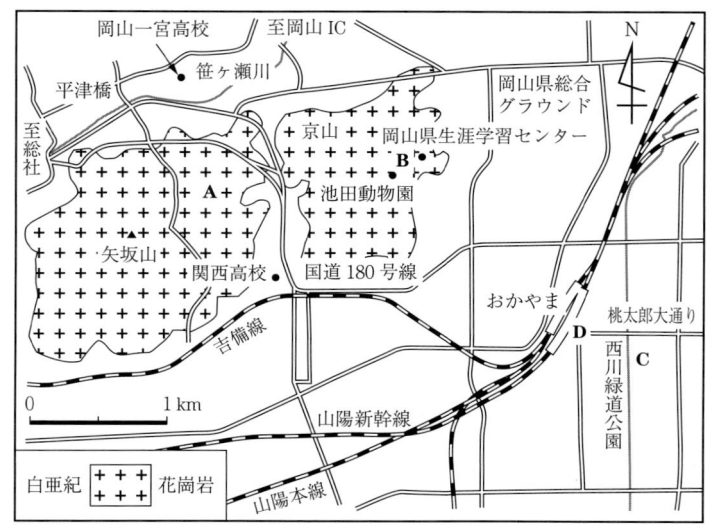

図1-1 岡山市内の地質と行程図

② 岡山県生涯学習センター周辺の万成花崗岩の露頭と建築石材としての利用法について観察しましょう。
③ 西川緑道公園で，いろいろな岩石を観察しましょう。

〔**地図**〕 2万5千分の1地形図「岡山南部」「岡山北部」

矢坂山・京山周辺の花崗岩の観察（**A**）

(東経133° 53′ 15″，北緯34° 40′ 25″)†

矢坂山一体の万成花崗岩採石場と加工工場に行くには，JR岡山駅西口から国道180号線に出て，総社・新見方面へ道なりに進みます。矢坂山南東部にある関西（かんぜい）高校が最初の目印です。国道は，矢坂山と京山の鞍部（あんぶ）を北に向かい，二つ目の目印の笹ヶ瀬川（ささがせ）の自然堤防へと進みます。その途中平津橋（ひらつ）まで，道の両側に石材加工工場が点在しています。

粗粒の万成花崗岩（万成石）は黒雲母花崗岩で，ガラスの破片のような灰色の石英，白色の斜長石，黒色の黒雲母のほか，桃色のカリ長石が特徴的でよく目立ちます。また少量の角閃石（かくせんせき）を含みます。これらの造岩鉱物は5 mm前後のほぼ同じ大きさをしています。このようなつくりを等粒状組織といい，マグマがゆっくり冷えて固まった深成岩の特徴です。

花崗岩はよく墓石に使われていますが，万成花崗岩は華やかな感じがするので，墓石としてはほとんど使われていません。現在は店舗などのカウンターや壁板・石柱などの建築材料として利用されています。

県下の小・中学校の教材や岩石園にも必ずこの万成花崗岩が置かれています。かつて東京の明治神宮造営に使用されてから，全国的にも有名になりました。また，彫刻家イサム・ノグチ氏によってパリ・ユネスコ本部の日本庭園に使用され，彫刻用の石材としても注目されています。

さて，万成花崗岩について少し詳しく調べてみましょう。**図 1-2**（a）のように，平らな面に定規を当てて5 mmの線分を数本とり，その線に切られている黒雲母の長さを測定し，全長に対する割合を百分率〔%〕に換算します。こ

---

† 露頭場所の経度・緯度は世界測地系の数値を使用しており，経緯度1″（1秒）は日本周辺では約30 mにあたります。また，経度・緯度にアンダーラインがある場所はGoogleEarth™やGoogleマップ™でのストリートビューで露頭周辺が見える場所を示しています。

1. 岡山市内 ―万成花崗岩― 27

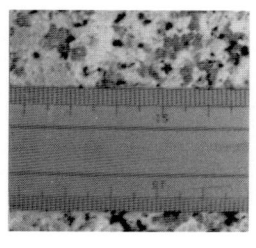 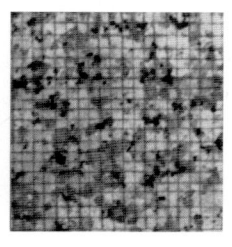

(a) (b)

図 1-2 モードの測定法

のように黒雲母などの有色鉱物の量比を表すことを色指数といい，花崗岩では 10％前後となっていますが，万成花崗岩も 10％前後です。図 1-2（b）のように格子状に直線を引き，その交点に当たる鉱物を記録して，黒雲母の量比または各造岩鉱物の量比を割合で表すこともできます。このように，すべての造岩鉱物の量比を出すことをモード測定と呼びます。色指数やモードは，火成岩を詳しく分類するための大切な目安になります。万成花崗岩のモードは，つぎの**表 1-1** のようになっています。

表 1-1 万成花崗岩のモード測定結果と石英・斜長石とカリ長石の割合

鉱物名	黒雲母	石英	斜長石（白色）	カリ長石（桃色）
モード	8.9％	31.4％	27.7％	32.0％
石英と斜長石，カリ長石の割合		34.5％	30.4％	35.1％

火成岩の一般的な分類法として，石英，斜長石，カリ長石の割合を三角ダイヤグラムに表して区別する方法があります。**図 1-3** は一般に行われているものの一例で，万成花崗岩の位置は図中の●印になります。3 成分の割合は，底辺からの長さの比になっています。一口に花崗岩といっても，いろいろな鉱物組成のものがありますから，他の産地の花崗岩についても調べ，比較してみるとおもしろいでしょう。

矢坂山付近一帯は，採石のため山が大きく削られています。以前，この付近だけで 6 か所の採石場がありました。しかし，安価な外国産の石材に押され，現在でも採石を続けているのは 2 か所の採石場だけです。ここではつぎのこと

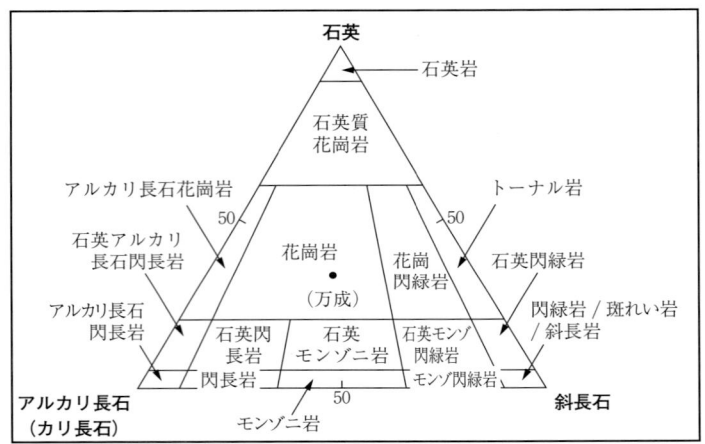

図 1-3 花崗岩類の分類（国際地質科学連合による）

を守って見学しましょう。

① 採石場へは許可を得て入りましょう。以下は連絡先です（2012年現在）。
   武田石材：086-252-3421　URL http://www12.ocn.ne.jp/~mannari/index.html
   浮田石材店：086-252-0629　URL http://www4.plala.or.jp/ukita/index.html
② むやみに石を割るのは避け，落ちている石の新鮮な所を観察するようにしましょう。
③ 崖や崩れやすい危険な所へは立ち入らないようにしましょう。

　以上のことに気をつけて，採石場の規模や石の割り方を見学します。また，採石場から少し下った所に石材の加工工場がありますので，許可を受けて見学させてもらいましょう。岩石の切断・みがき方など新しい機材で加工されています。岩石の切れ端のうち気に入ったものがあり，持ち帰りたいときには，必ず申し出て許可を得ましょう。

　現在は新しい機材を使っていますが，昔は簡単な道具を使いコツコツと手作業で石を割っていました。今でもこれらの簡単な道具を使っているところは少なくありません。

　花崗岩の採石場は昔から石切り場と呼ばれています。花崗岩には石の目（割れやすい方向）というのがあって，その方向に割るとうまく割れます。矢坂山

付近の採石場では最も割れやすい面を"すくい"と呼び、採石場の人に聞くと教えてくれますが、素人が見分けるのは難しいでしょう。この付近の"すくい"の方向は水平方向だということです。石の性質を経験として知っているから、見事に石が割れるわけです。

岡山県生涯学習センター周辺の万成花崗岩の露頭とその利用 (B)
(東経 133°54′32″, 北緯 34°40′34″)

JR 岡山駅西口より道なりに西へ進み、JR 吉備線の高架と交わる交差点を北に進みます。この道を約 2 km 直進し、標識に従って左折すれば岡山県生涯学習センターに到着します。

現地に着いたら、周囲を見回してみましょう。すぐに建築石材に利用された万成花崗岩が目に飛び込んできます。まず駐車場から人と科学の未来館サイピア（旧児童会館）へと進み、建物の下の石垣に利用されている万成花崗岩を観察してみましょう。この建物の建築石材として利用されているもののほとんどは、粗粒花崗岩です。中には捕獲岩（ゼノリス）を含んでいるものもあります。

つぎに、サイピアの東にある児童遊園「太陽の丘」へ進みましょう。この辺り一帯には粗粒の万成花崗岩が露出しており、花崗岩の風化の様子を観察することができます。この公園の地面を構成する花崗岩は気温や水の影響で風化し、ばらばらになっています。石英やカリ長石といった風化に強い造岩鉱物を採集してみましょう。鉱物の粒は、5〜10 mm 程度の大きさで、ガラスの破片のように光を反射しているのが石英、淡い桃色をしている粒がカリ長石です。

児童遊園をしばらく歩くと、風化途中の万成花崗岩の露頭に出合います。水平方向と鉛直方向に大きな割れ目が走り、"すくい"の方向を知ることができます。

児童遊園周辺には地学公園（ジオトレイル）が整備され、地学、特に花崗岩の産状や組織について学ぶことができます。

西川緑道公園 (C)　(東経 133°55′22″, 北緯 34°39′52″)

岡山駅東口から桃太郎大通りを東へ約 300 m 進むと、南北に流れる川があります。これが西川です。約 1.5 km にわたって花木が植えられ、遊歩道、ベンチなどが整備されています。桃太郎大通りから南に約 100 m 行くと、いろ

いろな種類の岩石が歩道に敷き詰められています(**図 1-4**)。花崗岩類や火山岩，石灰岩など多種多様な岩石が観察できます。それらのほとんどが外国産の石材で，岡山市内の建物にもよく使われています。石灰岩には変成して結晶質になっているもの(いわゆる大理石)が多いですが，中にはウミユリなどの化石を含むものや，コレニア石灰岩と呼ばれる先カンブリア時代の石灰岩もあるので探してみましょう。雨が降った後など，表面が濡れていると岩石の様子がよくわかります。

図 1-4 西川緑道公園

岡山駅周辺(D) (東経 133° 55′ 04″，北緯 34° 39′ 54″)

石材中の化石を見つけるには岡山駅周辺がよいでしょう。特に地下街では，古生代のウミユリ(**図 1-5**)，中生代のアンモナイトやベレムナイト，新生代の貨幣石(**図 1-6**)などさまざまな時代の化石を観察することができます。どこで観察できるかじっくり探してみましょう。(小網晴男・*原　篤志*・*上野　等*)[†]

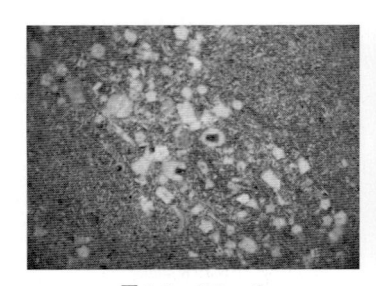

図 1-5 ウミユリ 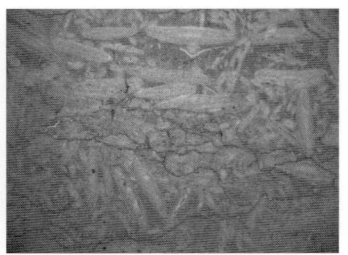　　　　　　　　　**図 1-6** 貨幣石

参 考 文 献
1) 濡木輝一・浅見正雄・光野千春(1979):岡山県中・南部の花崗岩類，地質学論集，**17**，pp.35-46
2) 三宅隆三・川瀬信一(1993):化石ウォッチング in City，保育社，p.151

---

† 斜体の氏名は初版の執筆者で，文章中に初版の記述を含んでいます。

2. 岡山空港 —花崗岩と山砂利層—

　岡山空港（岡山市北区日応寺）周辺には，花崗岩とそれを不整合におおう砂岩礫岩層が分布しています（**図 2-1**）。この砂岩礫岩層からは貝化石やミオジプシナ（有孔虫）などの化石が発見され，新第三紀中新世の地層とされてきました。岡山空港ができたために，現在ではこれらの化石を見つけることは難しくなっています。砂岩礫岩層の上に花崗岩が押し上げられたような衝上断層も観察されていましたが，これも観察できなくなりました。この砂岩礫岩層は植物化石（亜炭層）をレンズ状に含む下部層と，貝化石を含む上部層からなり，どちらも新第三紀中新世の地層と考えられていました。しかし，下部層に相当する岡山市北区箕畑地区の凝灰岩層中のジルコンによる年代測定では，約

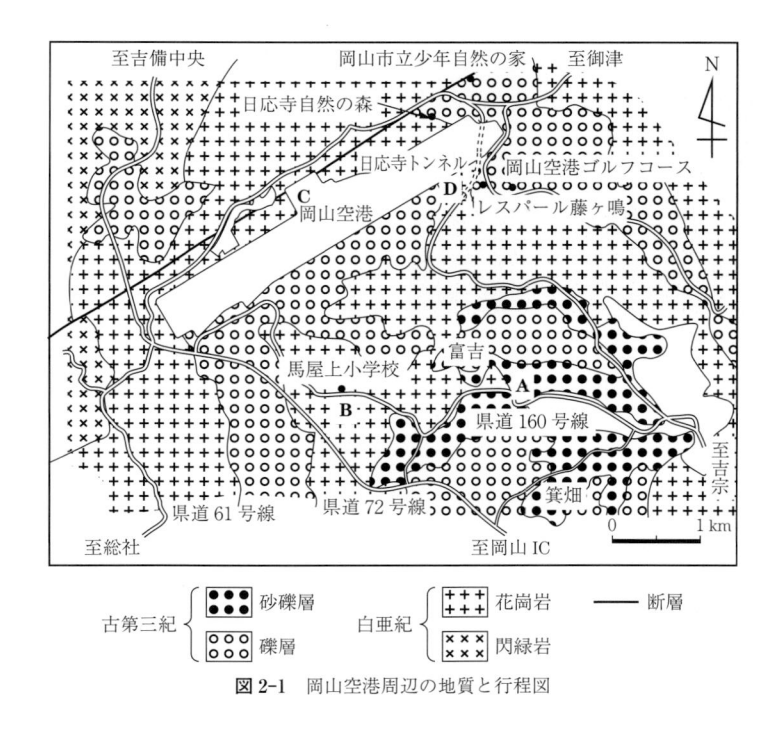

図 2-1 岡山空港周辺の地質と行程図

3 400万年前の古第三紀始新世が示されています。したがって，この亜炭層を含む下部層は古第三紀の地層と考えられます。

〔みどころ〕
① 捕獲岩を含む花崗岩を観察しましょう。
② 古第三紀の山砂利層の地層を観察しましょう。
〔地図〕 2万5千分の1地形図「総社東部」「東山内」

捕獲岩を含む花崗岩（A）　（東経 133° 52′ 25″，北緯 34° 44′ 36″）

岡山市内から岡山空港に向かう県道72号線の北側にある県道160号線を進みます。富吉の手前のカーブにある切り通しに花崗岩が露出しています。この場所の花崗岩はカリ長石と斜長石をほぼ同じ割合で含んでいて，万成花崗岩と同様の花崗岩（図1-3）に属するものです。

金網でおおわれていますが，花崗岩中にさまざまな大きさの黒っぽい固まりが観察できます（**図2-2**）。大きさは50 cmを超えるものもあります。この固まりは捕獲岩と呼ばれるもので，マグマが地下深いところから上昇するときに，周囲の岩石の破片を取り込んでできたものです。もとの岩石が何かはわかりませんが，閃緑岩質のものに変化しています。2 cmもの角閃石や1 cmぐらいの長石も観察できます。

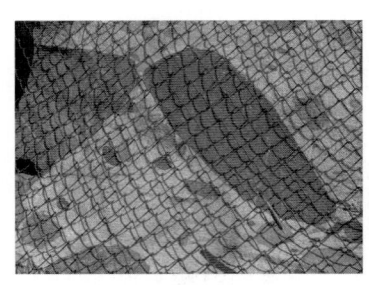

図2-2　花崗岩中の捕獲岩

このような捕獲岩を多く含む花崗岩はこの先の馬屋上小学校付近でも観察できます。

馬屋上小学校周辺の山砂利層と花崗岩（B）
（東経 133° 51′ 27″，北緯 34° 44′ 39″）

地点Aから岡山空港方面へ約2 km進むと，馬屋上小学校に着きます。小学校前の道路沿いに花崗岩が露出しています。この花崗岩も地点Aの花崗岩と同じように捕獲岩を多く含んでいます。

小学校の前に池があり，その向かい側に礫岩砂岩層が露出しています。ここ

2. 岡山空港 —花崗岩と山砂利層— 33

では薄い亜炭層も観察することができます（**図 2-3**）。

約 2 km 南東の箕畑地区にはかつて炭鉱があり，備前炭鉱と呼ばれていました。箕畑地区には礫岩層と石炭層をはさむ砂岩泥岩層が分布しています。砂岩泥岩層は標高 100 〜 140 m の範囲にあり，その上下に礫岩層が分布しています。砂岩泥岩層中にまれに凝灰岩層をはさみ，年代測定により 3 400 万年前の値が得られています。

図 2-3 山砂利層中の亜炭層

岡山県南部に分布している古第三紀の礫岩砂岩層は"山砂利層"と呼ばれ，分布や堆積した年代によって，周匝層，富吉層，津高層などに区分されています（19 ページ参照）。これらの地層はいずれも河川の堆積物であり，礫のインブリケーション（80 ページ参照）から求められた古流向は，北から南へ流れていたことが示されています。

この場所の礫岩砂岩層は箕畑地区のものと同じと考えられ，富吉層に属します。富吉層は吉備中央町から岡山空港の南側まで地層が追跡されていて，古第三紀始新世のものと推定されています。

県道から馬屋上小学校へ上がる所には，花崗岩と山砂利層の境界があります。花崗岩と山砂利層は不整合で接していますが，不整合面は土砂などでおおわれていてわかりにくくなっています。

岡山空港（C）（東経 133°51′17″，北緯 34°45′34″）

岡山市南部にあった旧岡山空港（岡南飛行場）がジェット化のための滑走路延長ができず，1988（昭和 63）年，現在の場所（図 2-1）に新岡山空港が開港しました。この岡山空港が造られた場所からは，新第三紀中新世の有孔虫化石ミオジプシナなどの有孔虫 4 種，二枚貝の仲間の斧足類 34 種，巻貝の仲間の腹足類 13 種，ツノ貝の仲間の掘足類 1 種，フジツボなど 4 種と多数の化石が見つかっています。中新世の地層は標高 230 m 付近に分布していましたが，岡山空港ができたために現在では見られなくなっています。標高をもとに中新

世の地層を探すのもおもしろいでしょう。

なお，白亜紀の花崗岩が新第三紀の砂岩層の上にずり上がった衝上断層もかつて観察でき，日応寺衝上断層と呼ばれていましたが，岡山空港の下になってしまいました。

日応寺トンネルの花崗岩（D）

（東経133°52′04″，北緯34°45′34″）

　岡山空港から東に約1km進み，日応寺自然の森スポーツ広場を過ぎた所の十字路を右折すると日応寺トンネルがあります。このトンネルの南出口そばに駐車場があり，そのそばに日応寺トンネルを掘ったときの岩石が据えられています。この花崗岩は標本としても使えるきれいな花崗岩です。地点Aで観察できる花崗岩との違いを見てみましょう。ここの花崗岩には捕獲岩がほとんど含まれていないのがわかるでしょう。

　レスパール藤ヶ鳴から岡山空港ゴルフコースに至る道沿いにも花崗岩が露出しています。地点Aのように，捕獲岩を含むかどうか観察してみましょう。

　岡山市立少年自然の家を訪れてみましょう。この施設は岡山市周辺の小・中学校の生徒の研修の場になっていて，自然観察や天体観測，オリエンテーリングなどの活動ができます。自然観察では，自然の家周辺の湿地帯に生息している動植物が観察できるようになっています。この付近には花崗岩や"山砂利層"の礫岩層が分布しているほか，安山岩質の岩脈が観察できます。

（元井友之・原　篤志・上野　等）

参 考 文 献
1) 鈴木茂之・中澤圭二・田中　元（2000）：岡山市北部，備前，富原炭鉱の夾炭層と「山砂利層」との関係，岡山大学地球科学研究報告，**7**，pp.35-40
2) 鈴木茂之・檀原　徹・田中　元（2003）：吉備高原に分布する第三系のフィッション・トラック年代，地学雑誌，**112**，pp.35-49
3) 濡木輝一・浅見正雄・光野千春（1979）：岡山県中・南部の花崗岩類，地質学論集，**17**，pp.35-46

3. 金甲山 —花崗岩と砂岩泥岩層—

このコースでは貝殻山と金甲山の地質を観察します。貝殻山には花崗岩が分布しています（図3-1）。金甲山のふもとには花崗岩が分布していて，その上に砂岩泥岩層が重なっています。この花崗岩は今から8 000〜9 000万年前の白亜紀にできたものです。砂岩泥岩層は化石が見つかっていないので，はっきりした時代はわかりませんが，地質構造のうえから最近では丹波帯（16ページ参照）に含まれる地層だと考えられるようになっています。丹波帯は石炭紀からジュラ紀にわたる岩石で構成されている地層です。

上部は砂岩泥岩を主とした地層でできていて，その下に花崗岩が分布してい

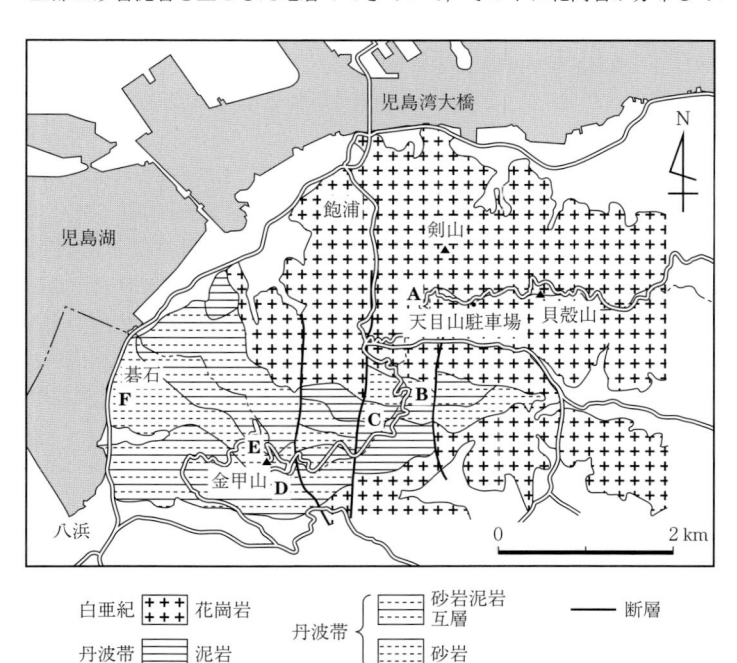

図3-1 金甲山周辺の地質と行程図

ます。花崗岩の上に，それより古い地層が屋根のようにおおいかぶさっているように見えます。この形をルーフペンダントと呼びます。

〔**みどころ**〕
① 貝殻山周辺の花崗岩と節理(せつり)を観察しましょう。
② 金甲山周辺の砂岩泥岩層を観察しましょう。
③ 碁石(ごいし)の褶曲と岩脈を観察しましょう。

〔**地図**〕 2万5千分の1地形図「岡山南部」「八浜」

貝殻山の花崗岩と節理（**A**）　（東経133°59′09″，北緯34°34′38″）

1983（昭和58）年に完成した全長1 050 mの児島湾(こじまわん)大橋を渡り，金甲山方面へ進みます。約2 km進むと，金甲山と貝殻山への分かれ道があるので，貝殻山の方へ進みましょう。道路沿いに花崗岩が露出していますが，風化がかなり激しく，地表下50 m以上も変質しているので，風化していない花崗岩を探すのは難しいでしょう。ここでは花崗岩の風化や節理の様子を観察してみましょう。

岩石に見られる規則性のある割れ目のうち，両側にずれが見られないものを節理といい，柱状(ちゅうじょう)節理，板状(ばんじょう)節理などがあります。花崗岩によく見られる節理は方状(ほうじょう)節理で，貝殻山周辺ではよく観察されます（**図3-2**）。方状節理は直方体状の割れ目からできていますが，これはマグマが冷えて花崗岩ができるときに体積が縮小し，そのときにできた割れ目と考えられています。この節理に沿って風化が進むので，いろいろな節理を観察してみましょう。風化が進むと，団子(だんご)を積み上げたように見えます（**図3-3**）。また，いくつかの節理がど

図3-2 花崗岩の方状節理　　　　　**図3-3** 団子状の風化

3. 金甲山 —花崗岩と砂岩泥岩層— 37

の方向を示しているか測定してみましょう。ほぼ同じ方向を示しているのがわかります。

つづら折りの道を約2km登っていくと、天目山（てんもくざん）駐車場へ着きます。ここからは北側に児島湾や旭川河口、岡山市街地が見え、南側に犬島（いぬじま）や小豆島（しょうどしま）、宇野沖の小さい島々が見えます。

ここから約1km登ると貝殻山に着きます。ここからも瀬戸内海の素晴らしい景色が見えます。展望台近くの土中から貝殻が出てきたことがあり、これが貝殻山の由来になっています。昔、武士が海上交通の様子を監視するため、食料として貝を運び上げたものといわれています。

この付近の花崗岩地帯には採石場跡が多く見られます。よく探してみるとペグマタイトもあり、水晶や長石の結晶、その他各種の鉱物を採集することができます。貝殻山一帯は登山コースにもなっていて、ふもとから登るコースがいくつかあります。時間があればコースをたどりながら登るのもよいでしょう。コースの途中にある剣山（けんざん）からは、かつてウラン鉱物が発見されました。

砂岩泥岩層と花崗岩の接触部（B）

（東経133°58′58″、北緯34°33′59″）

貝殻山から再び金甲山との分かれ道まで戻り、金甲山方面へ進みましょう。

図3-4は金甲山周辺のルートマップです。最初は花崗岩が露出していますが、すぐに砂岩泥岩に変わります。図の中の数字は、走向・傾斜を表しています。走向・傾斜は地層の傾きの程度とその方向を表したもので、例えば、$60\underset{}{\diagdown}30$はこの地層が北から60°西の方向に伸びていて、北に30°傾いていること（走向：N60°W、傾斜：30°N）を示しています。

地点Bが砂岩泥岩層と花崗岩の境界です。以前は境界がはっきりしていましたが、草木が茂ったため、わかりにくくなっています。接触部では泥岩は花崗岩による接触変成作用を受けてホルンフェルスに変化し、花崗岩は細粒なものになっています。ホルンフェルスというのは、花崗岩の熱のため、砂岩泥岩層中に新しい鉱物ができ、非常に硬く緻密（ちみつ）になったものです。

この付近一帯の砂岩泥岩層は花崗岩による接触変成作用のため、大部分がホルンフェルス化しています。

38　Ⅱ．岡山県の地学めぐり

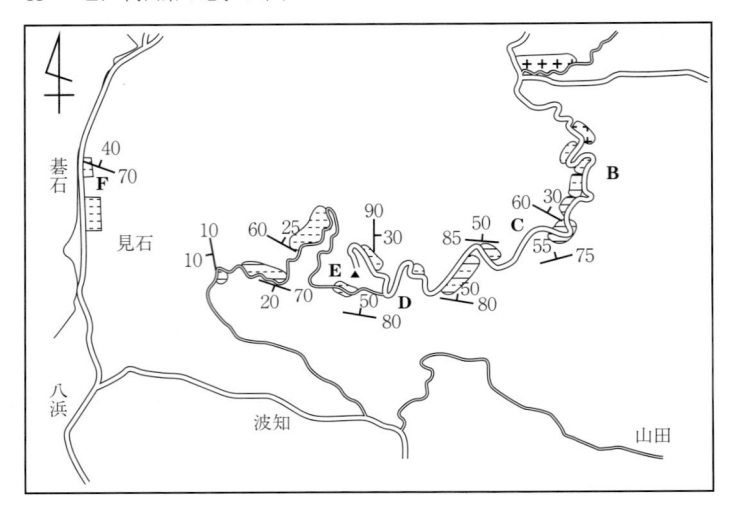

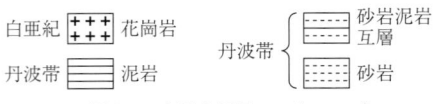

図3-4　金甲山周辺ルートマップ

凡例：
- 白亜紀 花崗岩
- 丹波帯 泥岩
- 丹波帯 砂岩泥岩互層
- 丹波帯 砂岩

砂岩泥岩の互層（C）　（東経133°58′42″，北緯34°33′43″）

地点Bから泥岩が露出していますが，草木に隠れて観察しにくくなっています。しばらく進むと，砂岩泥岩の露頭が見えます。ここは砂岩泥岩層の大きな露頭で，茶褐色の泥岩と乳白色の砂岩の地層からできています。どちらも接触変成作用を受けてホルンフェルス化しています。砂岩の層が厚く，乳白色の地層を薄くはさんだ縞模様を示しています（図3-5）。

図3-5　地点Cの砂岩泥岩の互層

3. 金甲山 —花崗岩と砂岩泥岩層— 39

砂岩泥岩の互層と岩脈（D）

（東経133°57′53″，北緯34°33′29″）

地点Cから約2km登ると，右へ大きく曲がる角に，西に向かって細い道があります。以前は車も通れましたが，不法投棄が多いため，現在は車の通行が禁止されています。今まで上ってきた途中にもゴミが多く捨てられていたのがわかると思います。このような状況をよく考えてみることも大切です。

この道を300m進むと地点Dです。非常に鮮明な茶褐色の泥岩層と5～10cmの白色の美しい縞模様の互層が観察できます（**図3-6**）。暗色の安山岩の岩脈が幅1mで入っているのがわかるでしょう。

図3-6 地点Dの砂岩層をはさむ泥岩

金甲山山頂（E） （東経133°57′53″，北緯34°33′33″）

地点Dから引き返してさらに上っていくと，金甲山山頂（標高403.4m）に着きます。展望台もあり，瀬戸内海の素晴らしい景色が眺められます（**図3-7**）。

図3-7 金甲山山頂から見た宇野沖の島々

碁石の褶曲構造と岩脈（F）　（東経133°56′39″，北緯34°34′00″）

金甲山山頂からもとの道を飽浦まで下り，児島湾沿いに八浜方面へ約1.5km進むと碁石に着きます。ここが地点Fです。この露頭では砂岩に薄い泥岩層をはさみ，褶曲している様子がわかります（図3-8）。なお，左側の地層が切れている所に幅約5mの安山岩の岩脈が観察できます。

図3-8 泥岩砂岩層の褶曲

（森本　英利・原　篤志・上野　等）

参 考 文 献

1) 濡木輝一・浅見正雄・光野千春（1979）：岡山県中・南部の花崗岩類，地質学論集，17，pp.35-46
2) 鈴木茂之・西岡敬三・光野千春・杉田宗満・石賀裕明（1988）：岡山県瀬戸地域の超丹波帯，地質学雑誌，94，pp.301-303

タービダイト（turbidite）

海岸に近い海底で堆積した堆積物が，地すべりなどによって海水と混じった状態で深海へ流れていくことがあります。この流れを混濁流（または乱泥流）といい，混濁流により深海底に再び堆積したものをタービダイトといいます。砂岩泥岩の互層が特徴的で，級化成層や流痕もしばしば見られます。

メランジ（melange，またはメランジュ）

数cmから数kmにわたるいろいろな岩石が混ざった状態の地層のことで，そのでき方にはさまざまなものがあります。日本列島のように海洋プレートが大陸プレートの下に沈み込む場所で，海洋プレートの上にあった堆積物が陸側にくっついたものを付加体と呼んでいますが，そのような付加体でよく観察できます。**オリストストローム**もいろいろな岩石が混ざった状態のものをいいますが，そのでき方は海底地すべりなどによってできた堆積性のものに限られます。

4．玉島 —生痕化石と弥高鉱山—

玉島の山陽本線沿いには平野が広がっています（**図 4-1**）。この平野は，17世紀（江戸時代初期）に行われた干拓によって作られたものです。玉島には柏島，乙島など島の字の付く地名が多いですが，これらはかつて島だった所です。柏島には良寛和尚が修行した円通寺があります。

柏島と乙島の間にあった海峡は，「水島の合戦」の古戦場としても知られています。1183（寿永2）年閏10月1日（新暦11月17日）に行われたこの合戦では，平氏が源氏に唯一勝利を収めました。源氏の敗因の一つは「金環日食」にあったといわれています。合戦のさなかに太陽が欠けていくのを見て恐れをなした源氏側に大きな混乱が生じたというわけです。

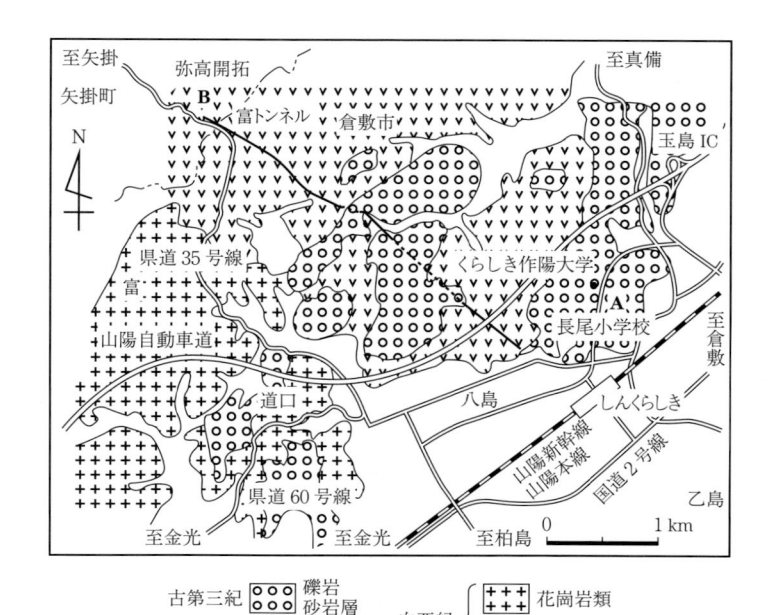

図 4-1 玉島周辺の地質と行程図

山陽自動車道沿いには白亜紀の花崗岩が分布し，その北部に白亜紀の流紋岩質凝灰岩がルーフペンダント状に分布しています。さらに，花崗岩の上にのっている時代未詳の礫岩砂岩層も観察できます。これらの礫岩砂岩層はいわゆる山砂利層に属するもので，第四紀の堆積物とされてきましたが，現在，山砂利層の大部分は古第三紀の地層と考えられています。玉島地区の礫岩砂岩層もその可能性が高くなっています。

〔みどころ〕
① 長尾小学校北側の砂岩層に見られる生痕化石を観察しましょう。
② 弥高鉱山のズリで鉱物を観察しましょう。

〔地図〕 2万5千分の1地形図「玉島」「箭田(やた)」

倉敷市立長尾小学校北側の砂岩層に見られる生痕化石（A）

(東経133°40′44″，北緯34°34′15″)

新倉敷駅北口から北に約300m進むと長尾(ながお)小学校に着きます。長尾小学校の北側に高さ約15m，東西方向に約100m砂岩層が露出しています。この砂岩層は，中～粗粒で比較的粒がそろっています。砂岩層中に数cmの泥岩層をはさんでおり，走向・傾斜を測ることができます。この泥岩層の走向は，N30°W，傾斜は10°NEで，北東にゆるく傾斜していることがわかります。この砂岩層には，生痕化石が露頭全体にわたって観察できます。この生痕化石は，甲殻類の巣穴と考えられます。一般に，サンドパイプと呼ばれているものです（図4-2）。海の砂は，波や潮流の影響で粒がそろっており，海岸にはカニやエビなどの生物による巣穴がたくさんあります。この地も昔は，そのような環境であったものと推測できます。岡山県南部に，このような生痕化石が観察できる砂岩層はほとんどなく，貴重な露頭です。化石が見つかっていないので，いつの時代の地層かはわかりませんが，井原市浪形(なみがた)の砂岩や瀬戸内市前島(まえじま)の砂岩と同じような古第三紀の地層の可能性があります。

図4-2 サンドパイプ

弥高鉱山の鉱物採集（B）（東経133°38′06″，北緯34°35′26″）

玉島から県道35号線を矢掛方面に向かいます。道口を過ぎる辺りから道路沿いに流紋岩質凝灰岩が露出しています。さらに進み，富トンネルを過ぎた矢掛側に弥高鉱山があります。この鉱山はかつて銅や鉛の鉱石が採掘されていました。現在は閉山していますが，採掘されていた鉱石などからなるズリが残っています（**図4-3**）。

図4-3 弥高鉱山のズリ

この周辺には流紋岩質凝灰岩が分布しています。弥高鉱山の鉱床は，流紋岩質凝灰岩の割れ目に地下からさまざまな成分を含む熱水が入ってきて，鉱物・鉱石が沈殿してできた熱水鉱床と考えられています。

県道のすぐ近くなので，交通に注意しながら鉱物を探してみましょう。ズリは山の斜面にあるので，上から石が落ちてくるおそれがあり危険です。十分に注意しながら鉱物を探しましょう。現在でも黄銅鉱や方鉛鉱，閃亜鉛鉱，石英，蛍石などの鉱物が採集できるでしょう。

（三宅　誠）

参 考 文 献

1) 田中　猛・藤田義朝・森信　敏（2006）：岡山県井原市の浪形層より産出したサメの歯化石とその生層序学的意義，瑞浪市化石博物館研究報告，**33**，pp.103-109
2) 野村真一・近藤康生・坂倉範彦・山口寿之（2004）：岡山県前島の古第三系前島層から産出したミョウガカイ科が卓越する蔓脚類化石群とその進化古生態学的意義，高知大学学術研究報告自然科学編，**53**，pp.1-19
3) 源平水島合戦八百年祭実行委員会　編（1984）：源平水島合戦，玉島公民館内玉島文化協会事務局，p.50

5. 鴨方〜金光 —流紋岩と植物化石—

岡山県の南西部に位置する浅口市は，県内地形区分の瀬戸内沿岸山地・丘陵

古第三紀 ◯◯◯ 礫岩
　　　　 ◯◯◯ 砂岩層

白亜紀 +++ 花崗岩
　　　 +++

白亜紀 ≡≡≡ 泥岩
　　　 vvv 流紋岩類

―― 断層

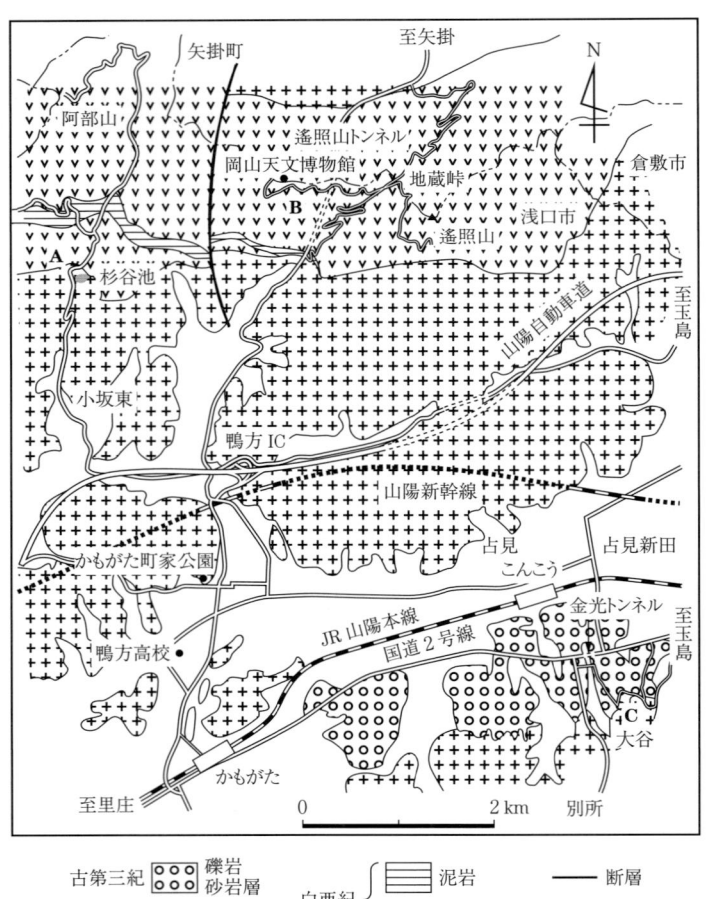

図 5-1 鴨方〜金光周辺の地質と行程図

5. 鴨方〜金光 —流紋岩と植物化石— 45

地と瀬戸内沿岸平野の地形域に属します（**図5-1**）。市の南縁は瀬戸内海に面し，北縁は阿部山・遙照山系の稜線が矢掛町との境になっています。

　市内の中南部は大部分が花崗岩であるため侵食が進み，標高50m前後の丘陵地と100〜200mの山地となっています。北部の阿部山・遙照山系の稜部は流紋岩類でおおわれているために侵食が遅れ，300〜400mの高度を保っています。

　平野部のほとんどは縄文海進時に進入した海底に堆積した沖積層で，10〜30mの標高で丘陵地や山地の間の凹部を埋めて広がっています。

　古生代ペルム紀の超丹波帯に属すると考えられる地層が，市南部の青佐山（51ページ参照）の山頂部や金光教本部南の別所付近などに点在しています。泥岩優勢で砂岩，塩基性凝灰岩の薄層をはさんでいます。ほとんどが花崗岩の接触変成作用によりホルンフェルス化しています。

　阿部山・遙照山の山ろく部，あるいは中腹部から頂部にかけては白亜紀中〜後期に活動したと考えられる流紋岩類がおおい，その下位には白亜紀末〜新生代初期にかけて迸入したと考えられる花崗岩が山系の裾野から平野部の丘陵地や山地にかけて広く分布しています。流紋岩類が屋根のような形で花崗岩の上にのったルーフペンダント構造となっています。両者の接触部付近では，流紋岩類が花崗岩の接触変成作用を受けて結晶質の凝灰岩となっています。

〔みどころ〕
① 杉谷池周辺の花崗岩と流紋岩質岩石を観察しましょう。
② 白亜紀の植物化石を観察しましょう。
③ 岡山天文博物館周辺の流紋岩類を観察しましょう。
④ 金光トンネル周辺の山砂利層と不整合を観察しましょう。

〔**地図**〕　2万5千分の1地形図「笠岡」「玉島」

杉谷池周辺の花崗岩の観察・採集（**A₁**）

（東経133°34′25″，北緯34°34′04″）

　山陽自動車道鴨方インターチェンジから西へいわゆる農免道を約1km進むと，山陽自動車道のガード下の信号に出ます。ここを右折して北に約1.5km進むと，杉谷池に着きます（**図5-2**）。細い道なので注意して進みましょう。杉谷池から少し南に下りると，道の西側に花崗岩の採掘場があります（**A₁**,

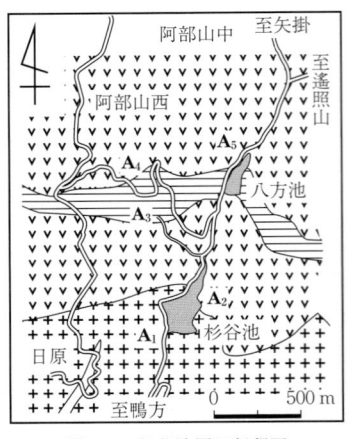

図 5-2　杉谷池周辺行程図　　　図 5-3　花崗岩の採掘場

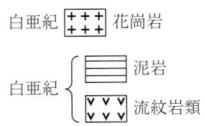

図 5-3）。崖下はきわめて危険なので，近づかないようにしましょう。作業している人の了解を得て，近くに転がっている花崗岩を観察しましょう。石英・長石・黒雲母の中粒の花崗岩です。

花崗岩と流紋岩の境界の観察（A_2）

（東経 133°34′30″，北緯 34°34′08″）

杉谷池右岸を中ほどまで行くと，池の水面が下がっている時には，対岸（左岸）の法面に花崗岩と流紋岩質凝灰岩との接触部が現れます（**図 5-4**）。約 40°N の傾斜で花崗岩のマサ土が，黒っぽく見える流紋岩質凝灰岩の下に入り込んでいる境界を見ることができます（対岸の現場近くにも行けますが，こちらから見た方がはっきりと観察できます）。接触部の流紋岩質凝灰岩は，花崗岩による接触変成作用を受けて結晶質となっています。ロウ石もできている部分があり，かつてはロウ石鉱山がありました。

図 5-4　花崗岩と流紋岩質凝灰岩の接触部

5. 鴨方～金光 —流紋岩と植物化石— 47

流紋岩類に介在する泥岩からの化石採掘（A_3）

（東経 133°34′23″，北緯 34°34′22″）

杉谷池がなくなる付近から左に登る荒れた林道があります。その林道を約300 m 上ると，谷が詰まる付近に泥岩の地層が現れます。その泥岩層の前には，泥岩を掘り出した小山があります。その中から黒っぽい緻密な泥岩を探して，割ると中から植物の化石が出てきます。広葉樹の葉，木の幹，セコイア類の葉，シダ類の葉などが含まれています（**図 5-5**）。

図 5-5 泥岩層から産出した広葉樹の葉の化石

この付近に分布している流紋岩類は火山の噴火でできたものです。火山活動の静止期にできたカルデラ湖の周辺には豊かな森が出現し，湖には周りから土砂が流入したり，活動を再開した火山から火山灰や火山礫が降り注いだりしたため，周辺に繁茂していた植物も流されて泥の中に埋まって化石となりました。

流紋岩類の活動は白亜紀後期（約 6 900 万年前）で，恐竜の栄えた時期でもあります。この森の植物をエサにしていた恐竜がいたのではないかと，小中学生らによる鴨方恐竜化石調査団が毎年この地に来て，植物化石採掘とともに恐竜化石発見の夢を追いかけています。

断層の観察（A_4） （東経 133°34′21″，北緯 34°34′27″）

杉谷池まで戻り，もとの道を少し上ります。左折する林道沿いには，先ほどの化石を含む泥岩の続きの露頭が見られます。ここの泥岩からも化石は産出しますが，道路沿いで危険ですので観察だけにしましょう。泥岩を追いながら約 500 m たどると突然泥岩が消え，泥岩の上に重なっている流紋岩質の火山礫凝灰岩が現れます。その境に断層破砕帯が見られます（**図 5-6**）。断層破砕帯の面は走

図 5-6 断層の露出部

岩脈・溶結凝灰岩の観察 （A_5） （東経133° 34′ 39″，北緯34° 34′ 35″）

もとの杉谷池の道に戻り，北に進むと八方池を過ぎた所に採石場跡があります。採石場の中の凝灰岩には高温の火山砕屑物がガラス状に固結した溶結凝灰岩を観察することができます。

採石場奥の岩壁には，幅約2mの安山岩質の岩脈が，流紋岩質凝灰岩の中に貫入しているのが観察できます（**図5-7**）。その岩脈は途中で二つに枝分かれして貫入しています。

図5-7 安山岩岩脈

堆積した流紋岩質火砕流凝灰岩の観察 （B_1）
（東経133° 35′ 15″，北緯34° 34′ 35″）

山陽自動車道鴨方インターチェンジから北に矢掛方面へ向かいます。遙照山トンネルの手前を曲がり，地蔵峠に向かいます。峠に行く途中に阿部山方面へ通じる林道があり，林道を約1km行くと大きな池に達します。池の約500m手前の道沿い（山側）には，流紋岩質石質凝灰岩がほぼ水平に堆積した露頭を観察することができます（**図5-8**）。岩石は火山礫が凝灰岩で埋まったもので，火砕流の堆積物と考えられます。

図5-8 流紋岩質石質凝灰岩の累積

流紋岩質溶岩と（B_2）タマネギ状構造の観察（B_3）
（東経133° 35′ 57″，北緯34° 34′ 33″）

もとの道に戻って地蔵峠から西に進むと，国立天文台岡山天体物理観測所と

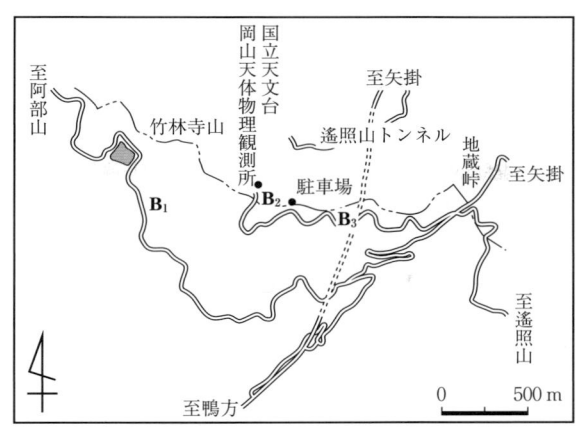

5. 鴨方〜金光 —流紋岩と植物化石— 49

図 5-9 国立天文台岡山天体物理観測所周辺行程図

岡山天文博物館の駐車場に着きます（**図 5-9**）。

天文台の敷地には受付で申し出て入りましょう。小高い丘状の敷地内には，多数の流紋岩質溶岩が点在しています。溶岩の中に取り込まれた火山礫が円礫のような模様を作っています。

駐車場手前約 300 m の道路沿いには，流紋岩が風化してタマネギの皮をむくようにひび割れた節理（タマネギ状構造）を観察することができます（**図 5-10**）。

図 5-10 流紋岩のタマネギ状構造

花崗岩の上に不整合に重なる山砂利層の観察（C）
（東経 133°37′48″，北緯 34°31′57″）

国道 2 号線金光トンネル西入口付近を南に入ります。すぐに金光教学院のある丘陵地に上がります。この付近の丘陵地の上には，径数 cm 〜 30 cm の円礫が土砂とともに堆積している，いわゆる山砂利層が分布しています。

ここでは，下位の花崗岩の上に山砂利層が不整合に堆積している様子を観察

することができます。風化した花崗岩の上に円礫を含む地層がほぼ水平に堆積しているのが見られます（**図5-11**）。

付近の丘陵地を歩くと、山砂利層が露出しているところに出合います。山砂利層は識別が容易なので、その分布状況を調査するのもおもしろいでしょう。

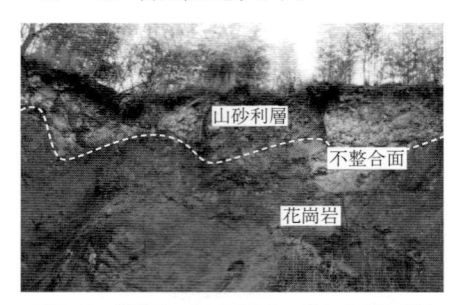

図5-11 花崗岩の上に不整合に重なる山砂利層

(定金司郎)

国立天文台岡山天体物理観測所と岡山天文博物館

浅口市鴨方町と小田郡矢掛町の境界に位置する竹林寺山には、国内最大級の口径188 cm反射望遠鏡を備えた国立天文台岡山天体物理観測所があります（**図5-12**）。

この観測所は1960（昭和35）年に東京大学東京天文台の付属施設として開所し、現在では全国の天文学研究者によって利用されています。見学室の窓越しにこの反射望遠鏡を見ることができます。

観測所の下にある岡山天文博物館にはプラネタリウム室、太陽観測室、展示室があり、観測所の諸機械の構造や目的、天文学に関することがわかりやすく説明されています（**図5-13**）。

博物館に隣接して、アジア最大の口径3.8 m望遠鏡の建設が2014年の完成に向けて進められています。この望遠鏡は国内初の分割鏡方式という新技術で作られます。

図5-12 国立天文台岡山天体物理観測所　　**図5-13** 岡山天文博物館

6. 寄島〜笠岡 —カブトガニ—

　浅口市寄島町にある寄島は以前は島でしたが，干拓により陸続きになりました。この干拓地にアッケシソウが自生し，現在は浅口市の天然記念物として保護されています。アッケシソウは海岸沿いの干拓地などの塩分のある場所に生育する珍しい植物です。寄島町は日本でも数少ないアッケシソウの自生地の一つで，秋の紅葉時には素晴らしい景色が広がります。

　この地域には，白亜紀後期の花崗岩が寄島から笠岡にかけて広く分布しています（**図 6-1**）。御嶽山周辺には超丹波帯に属すると考えられる泥岩層が，神島周辺には白亜紀初期の流紋岩質凝灰岩がそれぞれ分布しています。泥岩層や流紋岩質凝灰岩は，花崗岩の上部にルーフペンダントとしてのっています。神島には，小規模ですが白亜紀の斑れい岩が分布しています。

　笠岡湾にはかつてカブトガニが多数生息していました。しかし，干拓により生息地が奪われ，現在ではカブトガニはかなり減少しています。寄島から海沿いにカブトガニ博物館へ行く途中に，天然記念物に指定されているカブトガニ繁殖地があり，この博物館を中心に保護活動が行われています。

　このコースは海沿いの道を進みます。瀬戸内海の景色は素晴らしいですが，

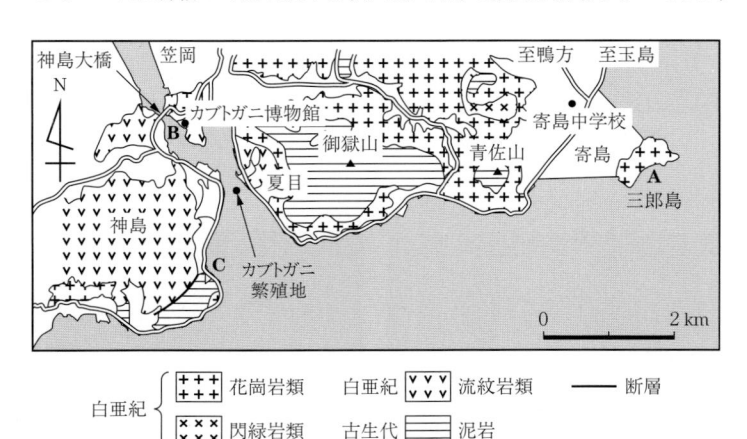

図 6-1 寄島〜笠岡の地質と行程図

52　Ⅱ．岡山県の地学めぐり

道は狭い所があるので，足下に注意しながら進みましょう。

〔みどころ〕

① 寄島の花崗岩を観察しましょう。
② カブトガニ博物館でカブトガニについて学びましょう。
③ 神島の斑れい岩を観察しましょう。

〔地図〕　2万5千分の1地形図「寄島」

捕獲岩を含む花崗岩，岩脈，小断層の観察（A）

（東経133°35′52″，北緯34°28′21″）

浅口市南端の瀬戸内海に浮かんでいた寄島は，現在本土側と干拓により陸続きとなっています。干拓地に作られた直線上の道を行くと寄島の南端の海岸に着きます。大潮の時には，寄島のそばに浮かぶ三つの小島（三郎島（三ツ山））に渡ることもできます（図6-2）。

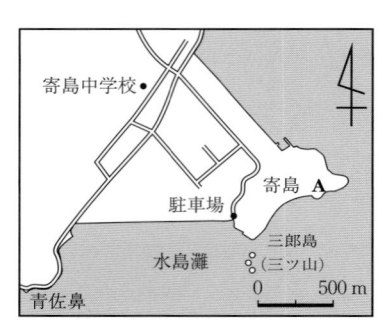

図6-2　寄島周辺行程図

島の南海岸には，波に洗われた岩盤の好露頭が続いています。花崗岩の中には，暗緑色をした閃緑岩質の捕獲岩（長径数cm）が多数含まれています（図6-3）。これは花崗岩のマグマが迸入する時に，もとあった岩石を取り込んだものと考えられます。海岸入り口にある閃緑岩の岩体も大きな捕獲岩ではないかと思われます。

図6-3　捕獲岩を含む花崗岩

図6-4　小断層

6. 寄島〜笠岡 —カブトガニ—　　53

　花崗岩の中には，流紋岩質や石英の岩脈が多数貫入しています。水平方向に貫入したものは連続して観察することができます。

　花崗岩中には，多数の小断層を観察することもできます（**図6-4**）。岩脈が途中で切れたり，数cmずれていたりして断層の模型を見るようです。断層部は岩石の摩擦で岩石が小さく砕かれ，白い粘土状になっていたりしています。

カブトガニ博物館（**B**）　（東経133°31′18″，北緯34°28′39″）

　寄島から海沿いに笠岡方面へ約5km進むと，笠岡市夏目付近に着きます。この辺りはカブトガニ繁殖地として国の天然記念物に指定されています（**図6-5**）。道路沿いにカブトガニ繁殖地の説明板があります。笠岡市カブトガニ保護条例により，この周辺はカブトガニを捕まえることや潮干狩りをすることが禁止されています。

　ここからさらに約1.5km進むとカブトガニ博物館に着きます（**図6-6**）。まっ先に目に飛び込んでくるのが実物大模型のティラノサウルスです。博物館の隣には恐竜公園が併設され，カブトガニと同時代の恐竜などの実物大模型7種8体が展示されています。本格的な恐竜公園としては日本で初めてのものとされ，どの模型もすべて学術監修を受けて製作されています。そのそばには，同じ時代の植物も植えられています。どのような植物があるか見てみるのもおもしろいでしょう。

　博物館には世界のカブトガニの分類，カブトガニの成長過程を示す標本などがあり，カブトガニについて学ぶことができます。ドイツのゾルンホーフェンから発見されたカブトガニ化石など，化石に関する展示も多数あります。飼育

　　図6-5　カブトガニ繁殖地　　　　**図6-6**　カブトガニ博物館と
　　　　　　　　　　　　　　　　　　　　　　　エラスモサウルス

展示室では，幼生から成体までの生きたカブトガニを見ることができます。

神島の斑れい岩（C）　（東経133°31′36″，北緯34°27′23″）

カブトガニ博物館から神島大橋を渡り，神島の東海岸沿いに南に約3 km進みます。堤防を越えて海岸に下りてみると，斑れい岩の黒っぽい転石がたくさんあります。露頭もあるので探してみましょう。この辺りの岩石のほとんどは斑れい岩です。そのほかに花崗岩などの岩石もあります。どんな岩石があるか探してみましょう。岡山県では変斑れい岩と呼ばれるものはよく観察できますが，純粋な斑れい岩はあまり観察できません。神島の斑れい岩は数少ない観察地の一つです（**図6-7**）。

図6-7　神島の斑れい岩

（定金司郎・西谷知久）

参考文献
1)　日本の地質（中国地方）編集委員会編（1987）：日本の地質7　中国地方，共立出版

カブトガニ

カブトガニはカニという語を伴ってはいますが，クモに近い仲間です（**図6-8**）。カンブリア紀（5.4〜5.0億年前）に現れ，その後ほとんど形を変えていないので「生きた化石」と呼ばれています。

日本では，笠岡市や山口県沿岸などの瀬戸内海や伊万里湾などの九州北部の沿岸部に生存しています。いずれの場所でも生息数は少なく，環境省のレッドデータブックでは絶滅危惧Ⅰ類に指定されています。

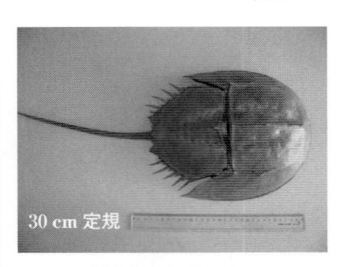

図6-8　カブトガニ

7. 浪形 —貝殻石灰岩—

　井原線沿いの低地をはさんで、白亜紀後期の花崗岩が分布しています（**図7-1**）。花崗岩の上には、舞鶴帯・超丹波帯に属する泥岩を主とする地層が野上町付近に、玄武岩質凝灰岩を主とする地層が北山町付近に分布しています。

　西江原町から東江原町にかけて白亜紀の流紋岩質凝灰岩が分布しています。野上町付近の標高240 m辺りに、ほぼ水平な古第三紀層が分布しています。この地層は浪形層と呼ばれ、砂岩を主体に礫岩や泥岩をはさみます。部分的にカキなどの貝殻が密集した層があり、貝殻石灰岩と呼ばれています。貝殻はほとんどが破片状で密集していることから、生息場所から運ばれ、破壊されて堆積したと推測されます。

〔みどころ〕
① 花崗岩と流紋岩質凝灰岩を観察しましょう。
② 貝化石を多く含む浪形層を観察しましょう。

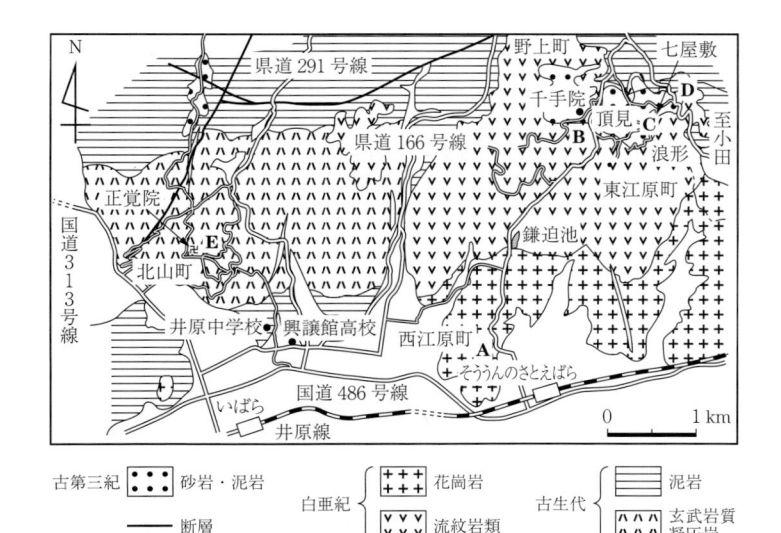

図7-1 浪形周辺の地質と行程図

③ 日吉鉱山で鉱物を観察しましょう。
〔地図〕 2万5千分の1地形図「矢掛」「井原」

花崗岩と流紋岩質凝灰岩（A） （東経133°30′05″，北緯34°36′08″）

国道486号線から，井原線の早雲の里荏原駅西にある信号を野上・青野方面へ曲がります。約1km進むと，道の両側に花崗岩が見られるようになります（**図7-2**）。あまり風化していない花崗岩で，捕獲岩や安山岩質岩脈を観察することができます。

さらに進むと，右側に鎌迫池が見えてきます。この辺りから流紋岩質凝灰岩が分布しています。よく観察すると，層理の見られる凝灰岩や，角礫の入った凝灰岩も見ることができます。

図7-2 花崗岩の露頭

千手院の浪形岩（B） （東経133°30′45″，北緯34°37′40″）

鎌迫池から約2km北に進むと，浪形へ行く分かれ道があります。ここに浪形周辺の案内図があるので，浪形岩の観察場所の位置がだいたい把握できるでしょう。そのまま約500m進むと，頂見の峠に着きます。西側に千手院へ行く細い道があるので，進みましょう。約500m進むと千手院です。門には「天然記念物浪形石灰岩」の石柱があります。門をくぐり，裏側にある庭にいくと，ほとんどが二枚貝などの化石からなる岩石（貝殻石灰岩）が露出しています（**図7-3**）。

この岩石を浪形岩といい，岡山県の天然記念物に指定されています。どんな化石が含まれているか観察してみましょう。その多くは二枚貝の破片ですが，まれにサメ

図7-3 千手院庭の浪形岩

7. 浪形 —貝殻石灰岩— 57

の歯やウニの化石も見つかります。

　この地層は新見や津山に分布する新第三紀中新世の地層と同時代のものと考えられてきましたが，発見されたサメの歯の化石などから，古第三紀始新世（約4000万年前）の可能性が高くなっています。今後の研究が待たれるところです。この貝殻を多く含む石灰岩は，総社市のこうもり塚古墳や岡山市北区の牟佐大塚古墳など岡山県内の5古墳の石棺に使われています。この付近を訪れる機会があったらぜひ見てみましょう。

　図7-4は浪形付近の地質を表しています。この地質図を参考にどんな所で化石が見つかるか探してみましょう。

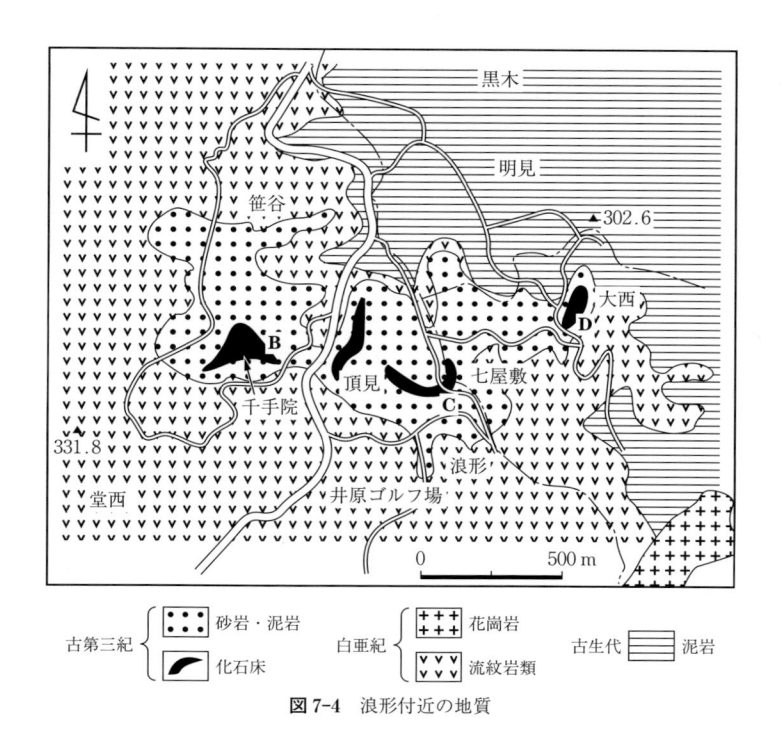

図7-4　浪形付近の地質

浪形コミュニティー広場（C）　（東経133°31′14″，北緯34°37′36″）

頂見の手前に浪形方面への分かれ道があります。ここから浪形へ行きます。井原ゴルフ倶楽部入口を過ぎてU字カーブを曲がった先に，浪形コミュニティー広場があります。ここに千手院の浪形岩と同じ貝殻石灰岩があり，奥行き約10mの洞窟もあります。洞窟の中をよく見ると高さ約1mのところがくぼんでいますが（図7-5），これは海食崖にできたノッチと考えられています。このノッチがいつできたかは，まだよくわかっていません。

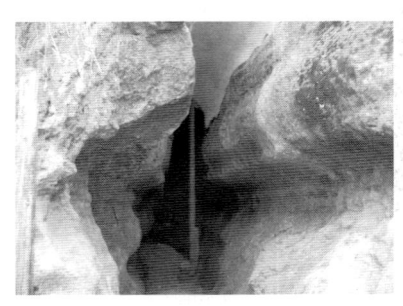

図7-5　浪形コミュニティー広場の浪形層

この広場から約100m進むと，広い駐車区域があります。この場所の崖にも貝殻石灰岩が露出しています。

山ノ上の化石床（D）　（東経133°31′35″，北緯34°37′45″）

コミュニティー広場から約300m進むと，七屋敷に行く分かれ道があります。ここを右に曲がり，七屋敷へ向かいます。しばらく進むと広い道に突き当たります。ここを左に曲がって少し行くと右側に細い道があるので，こちらへ進みましょう。地点Dに着きます。ここでは以前，鶏の飼料として貝殻石灰岩が採掘されていました。今でも少しは貝殻石灰岩が観察できます。この場所からはサメの歯も見つかっています。サメの歯化石から，この地層ができた時期は中～後期始新世と推測されています。

日吉鉱山（E）（東経133°27′54″，北緯34°36′45″）

浪形から井原市の中心部に向かいます。井原中学校横の道を北に進みます（図7-6）。場所は少しわかりにくいですが，地点Eが日吉鉱山のズリです（図7-7）。小高い山の北側と南側にズリがあります。途中から細い道を通るので注意して進みましょう。

この鉱山は藍銅鉱を産出するので有名です。孔雀石のほか，磁鉄鉱，硫砒

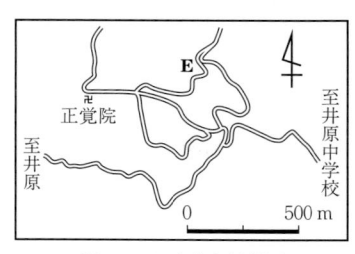

図7-6 日吉鉱山行程図　　　**図7-7** 日吉鉱山のズリ

鉄鉱(てっこう)，ベイルドン石なども見つかっています。大きなズリではありませんが，根気強く探せばよい標本が見つかるでしょう。

(西谷知久)

参考文献

1) 石賀裕明・菅田康彦・小野弘道・滝本高児・徳岡隆夫 (1990)：岡山県およびその周辺地域における先ジュラ紀地帯の検討，島根大学地質学研究報告，**9**, pp.91-96
2) 菅田康彦・松本一郎・石賀裕明・武蔵野実 (1992)：岡山県井原市北部に分布する舞鶴帯ペルム紀火山岩類の化学組成，島根大学地質学研究報告，**11**, pp.59-69
3) 田中 猛・藤田義朝・森信 敏 (2006)：岡山県井原市の浪形層より産出したサメの歯化石とその生層序学的意義，瑞浪市化石博物館研究報告，**33**, pp.103-109
4) 藤原貴生・鈴木茂之・前田保夫 (2000)：岡山県井原市浪形の標高240mの石灰岩に残された海食地形，岡山大学地球科学研究報告，**7**, pp.41-46
5) 矢野孝雄・森山和道・瀬戸浩二・沖村雄二 (1995)：コンデンス・セクションとして形成された非熱帯性石灰岩―岡山県南西部，中新統浪形層石灰岩の堆積環境―，地球科学，**49**, pp.17-31
6) 矢野孝雄・森山和道・沖村雄二・瀬戸浩二 (1995)：岩石海岸における堆積作用と海水準変動―岡山県南西部，中新統浪形層の堆積環境―，地球科学，**49**, pp.125-142

8. 芳井 —日南石灰岩—

　芳井町吉井から小田川さらにその支流である鴫川沿いに進むコースです。川町を中心とした南部には，舞鶴帯に属する泥質片岩を中心とする結晶片岩類が分布しています。川町には礫質片岩も分布しています（図8-1，8-2）。

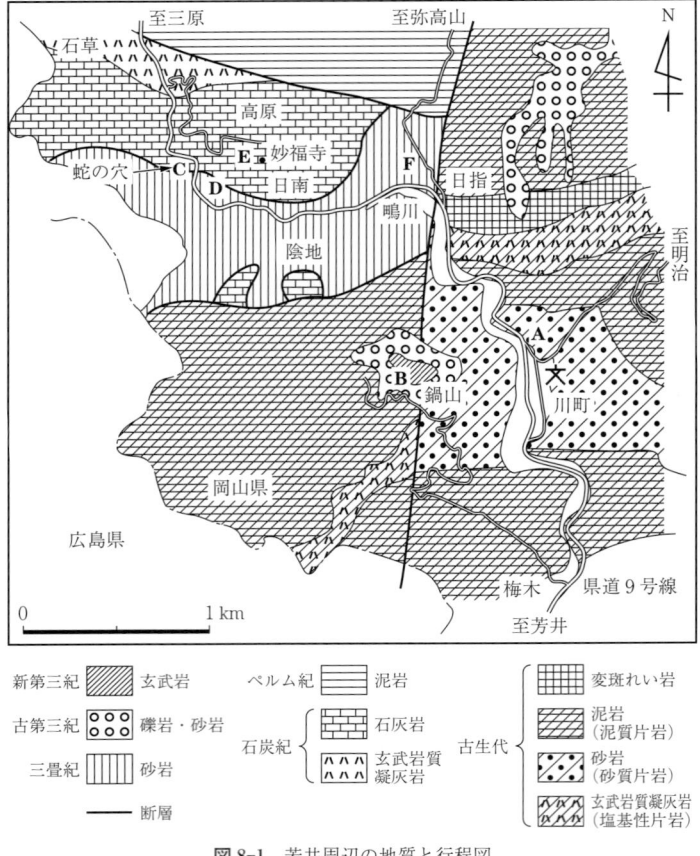

図8-1　芳井周辺の地質と行程図

8. 芳井 —日南石灰岩— 61

日南付近には石灰岩が分布し，大規模に採掘されています。石灰岩に伴い玄武岩質凝灰岩・溶岩も観察できます。この石灰岩は石炭紀中期のもので，ウミユリやサンゴのほか，アンモナイトや三葉虫の化石も見つかっています。この石灰岩の下位に三畳紀の地層が見られます。北部ではペルム紀の芳井層群に属する泥岩，チャートが見られます。

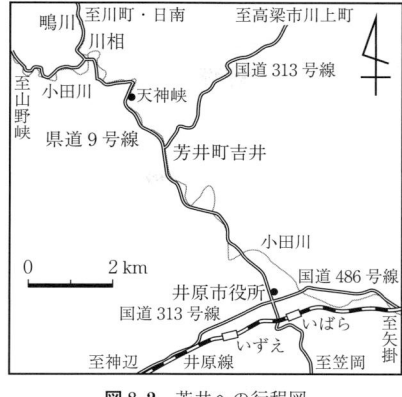

図8-2 芳井への行程図

〔みどころ〕
① 川町の礫質片岩を観察しましょう。
② 鍋(なべ)山の玄武岩の柱状節理を観察しましょう。
③ 日南石灰岩と三畳紀層を観察しましょう。

〔地図〕 2万5千分の1地形図「地頭」

礫質片岩の観察（A）

（東経133°24′28″，北緯34°41′09″）

井原から国道313号線を北上し，吉井で国道に分かれて小田川沿いに進みましょう。川相(かわい)で鴨川沿いに道を変更し，県道9号線を北上すると川町に着きます（図8-3）。

川町手前でバイパスから右に折れ，小学校を通る道を行くと，北側のコンクリート壁に礫質片岩の露頭があり，そのそばに説明板が設置されています（A_1）。

かつて道下の河原にはこの地層の好露頭があり，粗粒砂質片岩層の中に厚さ数cm～数十cmの礫質片岩層が数枚はさまっているのが観

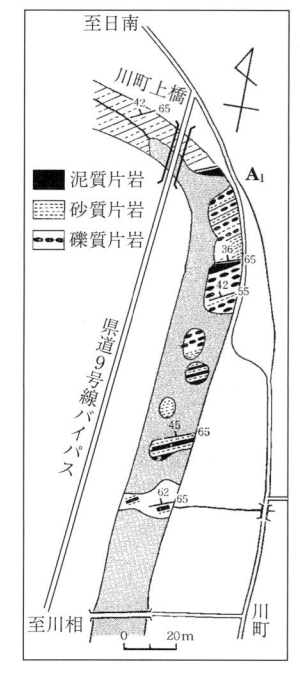

図8-3 川町周辺のルートマップ

察できました。現在では川町上橋の上流で少し見ることができるぐらいです（**図8-4**）。礫はレンズ状に引き伸ばされ、大きいもので短径2～3 cm、長径数 cm です。礫の伸張方向や、砂質片岩層中の級化層理から地層が逆転しているかどうかを検討すると、砂質片岩層は共和小学校付近に軸を有し、褶曲軸面がN60°E の方向で20～40°N 傾く逆転向斜構造となっていると考えられます。

図8-4 礫質片岩

この礫質片岩を含む砂質岩層とその構造は、西は広島県下市付近まで、東は池谷・阜里・美星町八日市付近まで追跡することができます。粗粒の砂や礫が海に流れ込んだ場合、あまり遠くまでは運ばれにくく、沿岸に近い大陸棚付近に堆積したのではないかと考えられます。

玄武岩の柱状節理の観察（B）

（東経133°23′59″、北緯34°41′03″）

川町付近から見上げた鍋山は、お椀を伏せたような形をしています。これは、噴出した玄武岩の岩頸が周辺の岩石より侵食が遅れて残丘となったものです。鍋山に上り、すそ野を巻くように行く道の左側に、見事な玄武岩の六角の柱状節理の岩壁があります（**図8-5**）。玄武岩の岩体が冷える時に体積が縮小し、六角形の割れ目ができたものです。

図8-5 鍋山の玄武岩の柱状節理

石灰岩に含まれる化石の採集（C）

（東経133°23′06″、北緯34°41′46″）

蛇の穴の河原に下りると、上の石灰岩の岩壁から落ちた転石が多数見つかります。その石灰岩には、サンゴやウミユリの化石がたくさん含まれています（**図8-6**）。この周辺の石灰岩からは三葉虫や古生代のアンモナイトの化石も見

8. 芳井 —日南石灰岩— 63

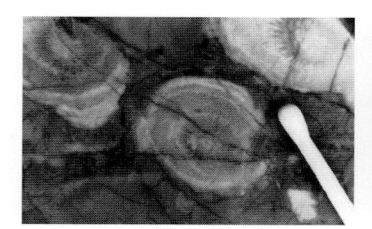

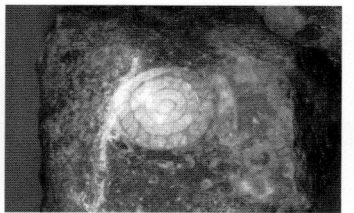

図 8-6 サンゴの化石   **図 8-7** アンモナイトの化石

つかっています（**図 8-7**）。雨上がりの後は化石を見つけるチャンスです。

衝上断層の観察（**D**）　（東経 133°23′21″，北緯 34°41′37″）

蛇の穴のバス停から石灰岩採掘場に入った所は三畳紀層ですが，その上に石灰岩が重なっています。これは古い石灰岩が新しい三畳紀層にのし上がるような激しい地殻変動によってできたもので，衝上断層と呼ばれています。採掘場には両者の境が見られ，破砕された岩石の衝上面を見ることができます（**図 8-8**）。向かいの陰地の山腹に見られる石灰岩は，衝上した日南石灰岩が孤立した小さな岩体として露出しているもので，クリッペとされています。

図 8-8 衝上断層

カレンの観察（**E**）　（東経 133°23′28″，北緯 34°41′41″）

図 8-1 中の高原は，石灰岩塊が点在するカルスト的な地形の台地となっています。高原の妙福寺境内の石灰岩塊には，石灰岩面を雨水が流下して小溝

図 8-9 カレン

と凌ができたカレンを観察することができます（図8-9）。

三畳紀層の観察と化石（F）　（東経133°23′57″，北緯34°41′44″）

日南の手前，日指から弥高山に上る所に三畳紀層が露出しています。砂岩層が優勢で，泥岩層をはさんでいます。泥岩層にはシダやトクサ・イチョウなどの化石が含まれています（図8-10）。
　　　　　　　　　　　　　　　（定金司郎・野瀬重人）

図8-10　シダの化石

美星天文台と美星スペースガードセンター

井原市美星町には天文台があり，口径101 cm反射望遠鏡が備え付けられています（図8-11）。昼間だけでなく，毎週，金曜から週明け月曜にかけての18時から22時まで公開していて，星を観察することができます。施設内では太陽望遠鏡を操作することができ，ミュージアムショップや図書室もあります。

天文台に隣接する美星スペースガードセンターでは，小惑星やスペースデブリ（宇宙のゴミ）を観測しています（図8-12）。地球の周りを使われなくなったロケットの一部や人工衛星が回っていて，スペースデブリと呼ばれています。美星スペースガードセンターでは，今後打ち上げられるロケットや人工衛星に危険が及ばないように観測を続けています。見学することはできませんが，隣接する展示館でその内容を知ることができます。

図8-11　美星天文台　　　図8-12　美星スペースガードセンター

9. 高山 ―中新世の化石―

　高梁市川上町高山市から広島県東部にかけて，標高 600 m 前後のなだらかな地形が続きます。これが吉備高原面です。鴫川や前谷川による侵食作用により，谷が形成されています。標高は東ほど徐々に低くなっています。井原市芳井町日指（図 8-1）から弥高山へ向けては，細長い谷が形成されています。これは千峯断層による断層地形です（**図 9-1**）。

　井原市芳井町西三原から大岳山周辺にはチャートや泥岩，砂岩が分布し，芳井層群と呼ばれています。チャートからはペルム紀の放散虫が発見されていま

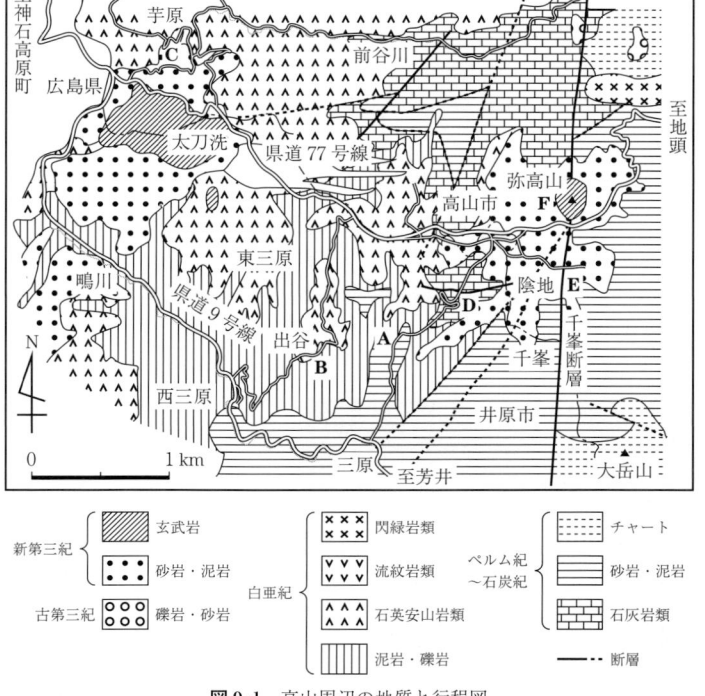

図 9-1 高山周辺の地質と行程図

す。東三原には白亜紀の硯石層の礫岩泥岩層が分布し、泥岩層からはカイエビの化石が発見されています。

高山市北部には石灰岩が分布し、その上位に石英安山岩質凝灰岩が広く分布しています。高山市周辺には新第三紀中新世の砂岩泥岩層が分布し、貝化石も多く産出します。

弥高山など周囲より小高い山があります。これらの山は玄武岩でできています。

〔みどころ〕
① 硯石層の礫岩を観察しましょう。
② 出谷で白亜紀の化石を観察しましょう。
③ 芋原周辺で貝化石を観察しましょう。
④ 三原鉱山で鉱物を観察しましょう。
⑤ 弥高山を観察しましょう。
⑥ 陰地の中新世の化石と不整合を観察しましょう。

〔地図〕 2万5千分の1地形図「地頭」

硯石層の礫岩の観察（A） （東経133°23′41″, 北緯34°43′38″）

日南石灰岩の採石場から県道9号線を北に進むと、三原地区に入ったころから石灰岩の礫を多く含む礫岩が道沿いに観察されるようになります。特に三原から高山市に上る途中には、径数cmの石灰岩礫を主体とした礫岩層が観察できます（**図9-2**）。岡山県西部には、このような石灰岩礫を多く含む礫岩層がよく観察されます。井原市上稲木町周辺に分布しているものは稲倉層、高梁市成羽町に分布しているものは羽山層とそれぞれ名付けられています。この周辺のものは一般に硯石層と呼ばれていますが、あまり研究されていません。

硯石層はかつては湖沼に礫や砂・泥が堆積したものと考えら

図9-2 硯石層の礫岩層

9. 高山 —中新世の化石— 67

れてきました。しかし、最近の研究によって高梁市成羽町羽山周辺が詳しく調べられ、この地域の硯石層は河川堆積物であることが明らかにされました。芳井町に分布しているものも河川堆積物と考えられます。

出谷のエステリア（B） （東経133°23′10″，北緯34°43′34″）

三原から県道9号線をもう少し西へ進むと、出谷への分かれ道があります。この道を約1km進むと、出谷公民館に着きます。公民館の約200m先に泥岩層が露出しています。この泥岩をよく探すと、エステリアと呼ばれるカイエビの化石が見つかります（**図9-3**）。大きさは約1cmで、指紋のような渦が見えます。カイエビはデボン紀に現れたミジンコの仲間で、当時から形態をほとんど変えておらず、現在でも水田などで見ることができます。そのため生きた化石といってもよいものです。形は2枚の背甲でおおわれ、見た目は二枚貝にそっくりです。化石として残るのはこの背甲の部分です。白亜紀の地層からはよく見つかり、井原市上稲木町山地は代表的な産地です。ここでは今でも見つかりますが、採集は禁止されています。

図9-3 エステリア

この泥岩層は白亜紀の硯石層と呼ばれる地層のもので、三原で観察される石灰岩礫を多く含む礫岩層の上部に当たります。

芋原の化石（C） （東経133°22′28″，北緯34°44′48″）

弥高山周辺から広島県にかけては新第三紀中新世の地層が分布していて、多くの貝化石が発見されています。芋原は貝化石を産出した場所の一つです。

県道9号線を三原から広島県方面へ進みます。広島県との県境手前に高山市へ向かう県道77号線があるので、こちらへ進みます（**図9-4**）。広島県に入った所にも砂岩層が露出しています。

約100m進むと、北に下りる細い道があります。さらに約200m進むと右側に舗装されていない細い道があります。この辺りを観察してみましょう。道沿いに砂岩層が続いています。この砂岩層を観察すると貝化石が見つかるで

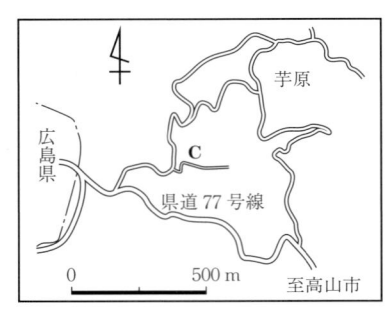

図 9-4 芋原周辺行程図

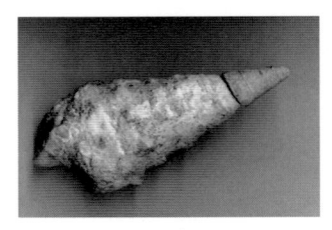

図 9-5 ビカリア

しょう（**図 9-5**）。ほとんどの貝化石は殻が溶けています（**図 9-6**）。

ノジュールの部分にはきれいな化石が見つかります。探してみましょう。小さな川が流れていますが、この川底や斜面の石はやや固結しています。カキの化石が密集している所もあります。

図 9-6 殻の溶けた貝化石

三原鉱山（D） （東経 133°24′03″，北緯 34°43′52″）

地点 C から県道 77 号線をさらに東へ進むと、高山市に着きます。高山市からは三原へ行く道があり、こちらを進みます。約 500 m 進むと道沿いに古い建物があります。この辺りが三原鉱山跡で、建物の南側にズリがあります（**図 9-7**）。

三原鉱山は、古生代の石灰岩が白亜紀の花崗岩により接触変成作用を受けてできたスカルン鉱床です。黄銅鉱や磁硫鉄鉱のほか、磁鉄鉱や閃亜鉛鉱などを産出しました。この鉱山では三原鉱という新鉱物も発見されています。

図 9-7 三原鉱山のズリ

9. 高山 —中新世の化石— 69

陰地の不整合と中新世の地層 (E)

(東経133° 24′ 27″, 北緯34° 43′ 58″)

 高山市から陰地への道の両側には, 中新世の砂岩層が切り開かれていて (図9-8), ほぼ水平のきれいな地層を間近で観察することができます (E_1)。貝化石を含む所もあるので探してみましょう。

 細い道を進み地点 E_2 に向かいます。地点 E_2 には, ミオジプシナやオパキュリナという有孔虫が密集した石灰岩が観察できます (図9-9)。

 高山市周辺では, 古生層の岩石類を不整合におおって中新世の地層が水平に分布していて, 基底礫岩の上に薄い泥岩層を砂岩優勢層が重なっています。千峰断層による谷の最上流部に, 古生層と中新世の地層の不整合面が露出している所があります (E_3, 図9-10)。古生層は泥岩層で, その上に中新世の砂岩層が重なっています。

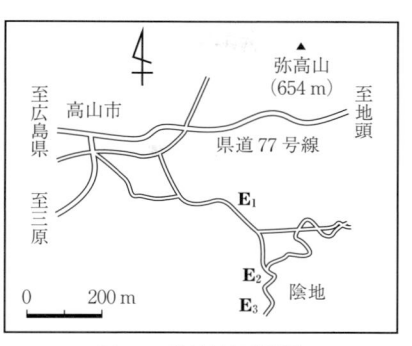

図9-8 陰地周辺行程図

図9-9 有孔虫を含む石灰岩　　図9-10 陰地の不整合

弥高山から吉備高原の観察 (F)

(東経133° 24′ 34″, 北緯34° 44′ 14″)

 吉備高原上にひときわ盛り上がった玄武岩の残丘が弥高山 (標高654 m) で

図 9-11 弥高山

す（**図 9-11**）。頂上からは，360度の展望でどこまでも波のように続く平坦な吉備高原を眺めることができます（**図 9-12**）。南の高原の果てには瀬戸内海，北の高原は天神山から中国山地の山腹に至っています。

吉備高原の誕生，高原の侵食など大自然の雄大さと神秘さに触れることができることでしょう。

弥高山は千峰断層沿いに噴出した玄武岩で，この周辺には玄武岩でできた小丘がいくつかあります。これらの玄武岩は，年代測定により中新世後期のものであることがわかっています。

図 9-12 弥高山からの吉備高原（芳井町方面を眺める）

（定金司郎・西谷知久）

参 考 文 献

1) 宇都浩三（1995）：火山と年代測定：K-Ar, ^{40}Ar/^{39}Ar 年代測定の現状と将来，火山，**40**，pp.S27-S46
2) 佐野弘好・飯島康夫・服部弘通（1987）：中国山地中央部秋吉帯古生界の層序，地質学雑誌，**93**，pp.865-880

10. 地頭 —大賀デッケンと石灰岩—

　高梁市川上町において，小澤儀明氏がモノチスを含む三畳紀層の上にサンゴを含む石炭紀層が重なっていることを発見し，「大賀スラスト」と名付けまし

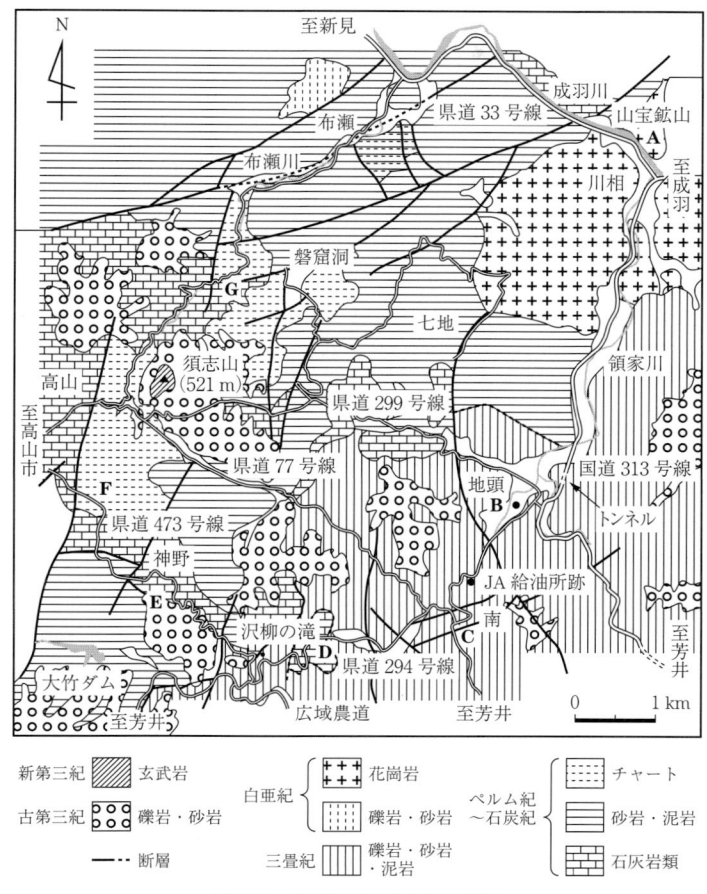

図 10-1 地頭周辺の地質と行程図

た。このスラストは中生代白亜紀の大規模な地殻変動を表すものであり，1937（昭和12）年に「大賀の押被（大賀デッケン）」として国の天然記念物に指定されました。その後もこの地域は多くの研究者によって研究されてきました。

地頭周辺には成羽から続く三畳紀の成羽層群の砂岩・泥岩層があり，貝化石（モノチス）を多産しました。神野から北方の七地にかけては，石灰岩とそれに伴う玄武岩質凝灰岩やチャートが観察できます（**図10-1**）。これらの石灰岩層は高山石灰岩と呼ばれ，石炭紀からペルム紀にかけて形成されたものです。石灰岩層の周囲には芳井層群に属するペルム紀の泥岩，チャートが分布しています。

川相から成羽にかけて花崗岩が分布していて，石灰岩との接触変成作用によりさまざまな鉱物ができています。特に山宝鉱山では磁鉄鉱やザクロ石が多産しました。

神野や七地を中心に標高400m前後のやや平坦な面があります。岡山県西部から広島県東部にかけて分布する吉備高原は標高500～700mですが，この地域にはこれより少し低い平坦面があります。この平坦面より少し飛び出ているのが玄武岩でできた須志山（標高522m）です。

〔**みどころ**〕

① 山宝鉱山で鉱物を観察しましょう。
② 吉備川上ふれあい漫画美術館で石灰岩標本を観察しましょう。
③ 成羽層群の植物化石を観察しましょう。
④ 大賀デッケンを観察しましょう。
⑤ 神野のドリーネと石灰岩を観察しましょう。

〔**地図**〕 2万5千分の1地形図「地頭」

山宝鉱山（**A**） （東経133°29′50″，北緯34°46′35″）

成羽から国道313号線を成羽川沿いに進むと，新見へ向かう県道33号線との分かれ道がある川相に着きます（**図10-2**）。国道313号線から分かれて，川相の交差点から県道33号線を約300m進んだ所に成羽川に架かる橋があります。この橋を渡ると花崗岩が露出しています。花崗岩を見ながら上流方向へ約300m行くと山に登る小さな道があります。この道を200～300m登ると山宝鉱山のズリがあります。県道33号線側から見ると，草木の生えていない所が

10. 地頭 ―大賀デッケンと石灰岩― 73

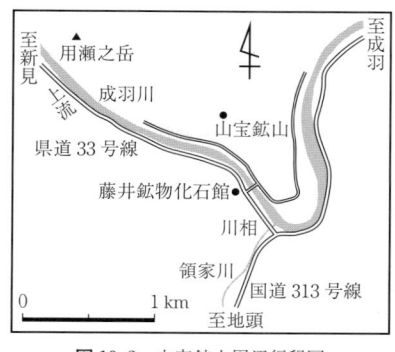

図 10-2 山宝鉱山周辺行程図　　**図 10-3** 山宝鉱山のズリ

見えます（**図 10-3**）。ここが山宝鉱山のズリです。

　山宝鉱山は花崗岩と石灰岩との接触部に形成された接触交代鉱床（スカルン鉱床）です。現在は閉山していますが，かつては磁鉄鉱を中心に磁硫鉄鉱や黄銅鉱などの鉱石を産出しました。また，ザクロ石のきれいな結晶やヘデンベルグ輝石，アクチノ閃石なども産出しました。現在でも磁鉄鉱やザクロ石などがズリから見つかるでしょう。磁鉄鉱を観察するときには磁石を持って行くと便利です。なお，山宝鉱山から産出した磁鉄鉱の標本が高梁市成羽美術館に展示されています（83 ページ参照）。

吉備川上ふれあい漫画美術館（B）

（東経 133°29′00″，北緯 34°44′14″）

　成羽から国道 313 号線を地頭方面へ向かいます。備中町への分かれ道を過ぎて約 3 km 進むと，トンネルがあります。このトンネルの先に地頭へ入る道があります。この辺りはかつて三畳紀の貝化石モノチスを多産しました。現在は領家川沿いの崖や国道 313 号線沿いに砂岩層が露出していますが，モノチスは簡単には見つかりません。根気強く探してみましょう。モノチスはまとまって産することが多いので，一度見つかるとその辺りからよく見つかるでしょう。

　標識に従って，ふれあい漫画美術館まで行きましょう。川上町は漫画を町おこしに利用しています。夏の「マンガ絵ぶた祭り」なども有名です。

　美術館の受付前には，川上町で採集された石灰岩があります（**図 10-4**）。石

炭紀中ごろの石灰岩で、ウミユリやサンゴなどの化石が含まれています。この石灰岩はかなり多くの火山物質を含んでいて、石灰質凝灰岩と呼んでもよいほどです。川上地区の石灰岩は大洋中にできた海山上に形成されたもので、まだ火山活動が続いていた時期にウミユリなどの生物が生息し始めてできたものと考えられます。

なお、この石灰岩は美術館が開館している時にしか見られないので、事前に開館の曜日や時間帯などを確かめておきましょう。

この向かい側にある「総合学習センター」の入口前に石灰岩が展示されています（**図10-5**）。この石灰岩は赤紫色をしていて、白いウミユリの化石をたくさん含んでいます。赤紫色の部分は凝灰岩質で、この岩石も石灰質凝灰岩と呼んでもよいものです。ウミユリはすべて破片状であり、よく見るときれいに並んでいることがわかります。このことから何がわかるでしょうか。ウミユリは死後壊れやすく、生きている時のままで見つかることはほとんどありません。生息場所から運搬され堆積したことにより、きれいに並んだと考えられます。

図10-4 石炭質凝灰岩　　**図10-5** ウミユリを含む石炭岩

美術館の西側に川があります。この川にはドーム状構造を示す地層があります。観察してみましょう。

この近くに「川上郷土資料館」があります。川上町内で産出した化石が展示されていますが、見学する場合には高梁市教育委員会川上分室に事前に問い合わせてみましょう。

10. 地頭 ―大賀デッケンと石灰岩― 75

南の植物化石層（C） （東経 133°28′43″, 北緯 34°43′27″）

ふれあい漫画美術館から県道 77 号線を西へ進みます。途中に露出している岩石は成羽層群の砂岩です。しばらく進むと JA の給油所跡があり、その手前に左に進む細い道があります。この道の突き当たりに砂岩泥岩互層が露出しています（**図 10-6**）。

現在では大部分がコンクリートでおおわれていますが、かつてここからネオカラミテス、クラドフレビス、ボトザミテスなど多数の植物化石が見つかっています。立派な標本は無理かもしれませんが、今でも植物化石は見つかるでしょう。どんな所から見つかるかも調べてみましょう。

図 10-6　砂岩泥岩互層

大賀デッケン（D） （東経 133°27′37″, 北緯 34°43′22″）

地点 C から県道 294 号線をさらに西へ進みます。この途中にも砂岩が露出しています。これも成羽層群の砂岩です。県道 294 号線に入って約 1.5 km で大賀デッケン（大賀の押被）に着きます。

デッケンとは**図 10-7** のように、最初は地層が横からの圧力で褶曲し、さらに圧力が加わって横倒しになり、最後に地層が切れて上盤がのし上がったものです。このため、古い地層が新しい地層の上にのることがあります。

道路の北側に石灰岩の崖があり、南側に川が流れています。小さな橋を過ぎた川側に大賀デッケンの説明板があります。

説明板の前の河原を見てみましょう。白っぽく見えるのが古生代の石灰岩です。やや黒っぽく見えるのが三畳紀の成羽層群に属する砂岩層です。直接二つの地層が接しているところは見えませんが、石灰岩が上位に、砂岩層が下位に見られます（**図 10-8**）。

この場所では古生代の石灰岩がそれより新しい時代にできた三畳紀の地層の上にのっていて、衝上断層により形成されたものとされていました。その原因

76　Ⅱ. 岡山県の地学めぐり

デッケンとは：

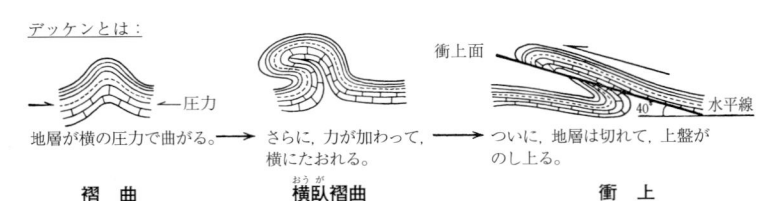

地層が横の圧力で曲がる。 → さらに、力が加わって、横にたおれる。 → ついに、地層は切れて、上盤がのし上る。

褶　曲　　　　**横臥褶曲**　　　　**衝　上**

衝上面と水平面とのなす角が、40°以下になれば、押被断層という。
また、0°〜10°のような低角度になれば、デッケン（Decken）または、ナッペ（Nappe）という。
デッケンは、横臥褶曲からだけでなく、
右のような場合にもできる。

図 10-7　デッケンの解説図（初版より）

図 10-8　大賀デッケン

としては、白亜紀に起こった佐川造山運動の大賀時階と名付けられた大規模な地殻変動が考えられます。その模式地として、1937（昭和12）年に国の天然記念物に指定されました。

大賀デッケンについての現在までの研究をまとめると図 10-9のようになります。（a）は古生代の地層と三畳紀の地層が衝上断層で接している考え方で、従来はこのように考えられていました。（b）は古生代の地層と考えられていたものが白亜紀の地層であり、含まれている古生代の石灰岩は、巨大な礫として白亜紀に堆積し、三畳紀の地層と白亜紀の地層が不整合で接しているという考え方です。（c）は古生代の地層と三畳紀の地層が

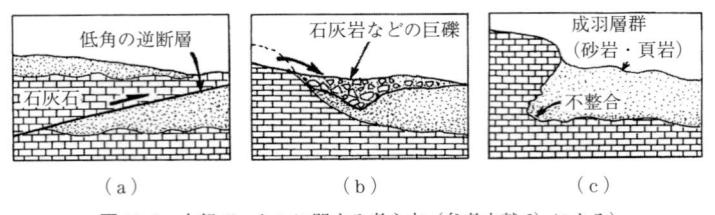

図 10-9　大賀デッケンに関する考え方（参考文献6）による）

不整合で接しているという考え方です。その不整合面が急なために、時代的に古い古生代の地層が上位に見られるというものです。どの考え方が正しいかはまだ定まっていませんが、現在では、この露頭は衝上断層（a）ではなく、不整合（bまたはc）であるとされています。

大賀時階を示す大規模な地殻変動の証拠としての学術的な価値は薄れてきましたが、地質学に関する歴史的な価値は損なわれるものではありません。なお、この露頭は国指定の天然記念物ですから、絶対にハンマーでたたかないようにしましょう。

露頭手前の小さな橋を渡って南東に進む山道を進みましょう。木が倒れていたり、草木が茂っていたりして通りにくいですが、坂道を少し進むと平らな所に出ます。ここにはかつて「日の丸炭坑」という炭坑がありました（**図10-10**）。現在では採掘していませんが、ここからは良質の無煙炭が採掘されていました。成羽層群に属する地層ですが、今でも少しは植物化石が見つかります。

大賀デッケンから西に約1km進むと、滝が見えてきます（**図10-11**）。この滝は「沢柳の滝」と呼ばれ、その高さは25mです。水源は神野の石灰岩台地を流れる伏流水です。

図10-10 日の丸炭坑　　　　**図10-11** 沢柳の滝

神野のドリーネ（E）　（東経133°26′17″、北緯34°43′39″）

沢柳の滝から県道294号線を西へ約500m進むと、広域農道への分かれ道に着きます。右側に神野へ上がる県道473号線があるので、こちらを進みましょう。約2km山道を上ると平らな場所に出てきます。ここが神野です。上

図 10-12 神野のドリーネ

る途中にも露出していますが,この辺りは石灰岩でできています。

家屋や草木でわかりにくいですが,石灰岩地帯に見られるドリーネが観察できます(**図 10-12**)。神社付近には石灰質凝灰岩が分布しています。この中にはウミユリの化石がたくさん含まれています。この石は梅輪石として大切にされています。地頭の総合学習センター前に展示されている石灰岩は,神野で観察できるものと同じです。

柳田の石灰岩化石(F) (東経133°25′55″, 北緯34°44′11″)

神野から高山へ向かいます。約1km進むと,赤紫色の石灰質凝灰岩が観察できます。この中にウミユリの化石が含まれています。ウミユリを含む凝灰岩は石灰岩層の最下部のもので,時代は石炭紀です。

少し進むと灰白色の石灰岩に変わります。ここから石灰岩の露頭が県道77号線との合流点まで続いています。この石灰岩中はペルム紀のフズリナ(シュードフズリナなど)を含みます。ただし,石灰岩の色とほぼ同じ色なので,注意して探しましょう。石炭紀の石灰質凝灰岩とペルム紀の石灰岩が接しています。その境界を探してみましょう。断層が見つかるはずです。

磐窟谷(G) (133°27′00″, 北緯34°45′42″)

川上町高山から備中町布瀬へ通じる道があります。細い道ですが,自動車は十分通れます。この道沿いにあるのが国指定名勝の磐窟谷です。磐窟渓とも呼ばれ,布瀬川が石灰岩とチャートからできている地層を侵食してできた渓谷です(**図 10-13**)。

高山からはしばらく石灰岩が続きます。この石灰岩にもウミユリなどの化石が含まれていますが,標本とするにはあまり適していません。

しばらく進むとチャートが現れてきます。その先に橋があり,橋を渡ると磐

図 10-13 磐窟谷   **図 10-14** チャートの褶曲

窟洞の駐車場に着きます。駐車場の手前の橋のそばに露出しているチャートを観察しましょう。このチャートをよく見ると層状になっていて褶曲しているのがわかります（**図 10-14**）。

磐窟洞はダイヤモンドケーブとも呼ばれ，断層沿いに形成された鍾乳洞です。磐窟谷の崖の中腹にあります。磐窟洞へ行くには，布瀬川沿いにある駐車場から登るか，地頭から七地に向かい上から行きます。どちらにしても行くには苦労します。バスで行く場合は七地から行くことになります。七地側には広い駐車場があります。

1966（昭和 41）年にそれまで知られていた鍾乳洞の奥を爆破したところ，新たに奥行き 300 m の鍾乳洞が発見されました。中には日本一といわれる 2.35 m もの石筍やもやしのように見えるヘリクタイト，ヘリグマイトなどの鍾乳石が見られます。磐窟洞はほぼ直線上に穴が開いていて，断層沿いに形成されたことが推測できます。このような崖の中ほどになぜ鍾乳洞ができたのでしょうか。布瀬川が作る渓谷をもとに考えてみましょう。なお，磐窟洞は 2010（平成 22）年 4 月から当分の間休洞しており，入れません。　（西谷知久）

参 考 文 献
1) 大藤　茂（1985）：岡山県大賀地域の非変成古生層と上部三畳系成羽層群の間の不整合の発見，地質学雑誌，**91**，pp.779-786
2) 小澤儀明（1924）：中生代末の大押し被せ，地質学雑誌，**31**，pp.318-319
3) 鈴木茂之・D.K.Asiedu（1995）：岡山県成羽地域の中・古生界，日本地質学会第 102 年学術大会見学旅行案内書，日本地質学会
4) 藤本　睦・於保幸正・平山恭之（1994）：岡山県大賀南西部における非変成古生層と上部三畳系成羽層群の間の衝上断層，地質学雑誌，**100**，pp.709-712

5) 藤本　睦・野村和芳・於保幸正・佐田公好（1996）：岡山県大賀地域における高山石灰岩の層位および同石灰岩と周辺地層との関係，広島大学総合科学部紀要Ⅳ理系編，**22**，pp.47-62
6) 横田修一郎・松村聡明・島内　健（1998）：岡山県川上町における成羽層群とそれを覆う石灰岩体の構造関係，島根大学地球資源環境学研究報告，**17**，pp.31-47
7) 横山忠正・長谷　晃・沖村雄二（1979）：高山石灰岩の堆積相，地質学雑誌，**85**，pp.11-25

インブリケーション（imbrication）

　河原の礫が川の流れによって一定方向を向いていることがあります。この構造をインブリケーション（覆瓦状構造）といい，礫岩中にも見ることができます。細長い礫は下流側に傾いて堆積するために，傾き方から，その礫が堆積した当時の川の流れる方向（古流向）がわかります（**図 10-15**）。

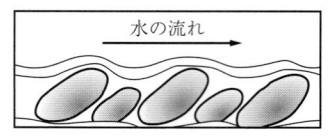

図 10-15　インブリケーションと川の流れる方向

11. 成羽, 日名畑 —三畳紀の植物化石—

日名畑は三畳紀の植物化石の代表的な産地です（**図11-1**）。1930年代を中心に大石三郎（1903-1948年）や成羽出身の藤岡一男（1911-1994年）らの研究により，数多くの新種を含む植物化石が報告されています。

植物化石を産する地層は成羽層群と呼ばれ，1959（昭和34）年，寺岡易司により下位より礫岩を主とする最上山層，植物化石を多産する日名畑層，貝化石モノチスを多産する地頭層の3層に分けられました。その後の研究で，1995

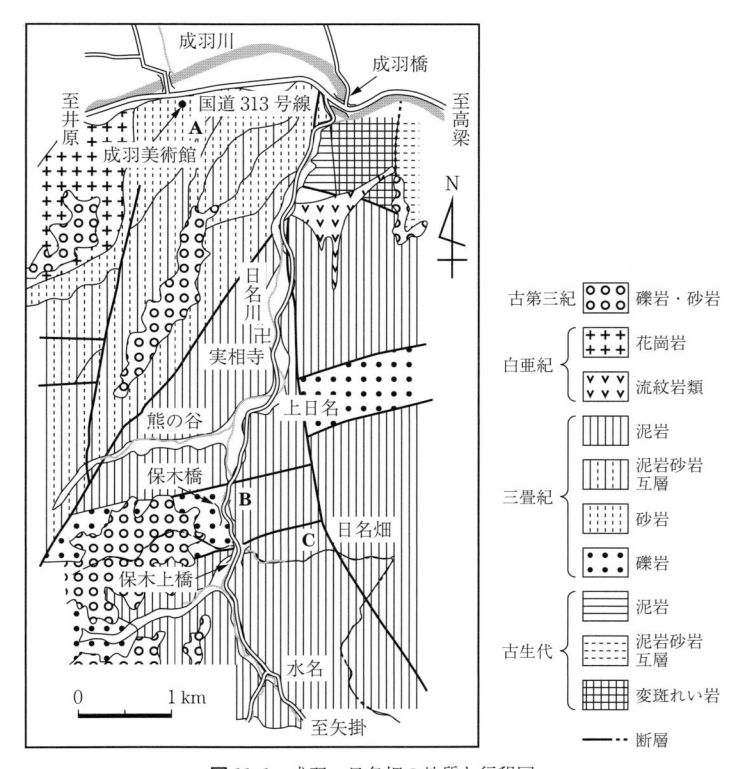

図11-1 成羽，日名畑の地質と行程図

II. 岡山県の地学めぐり

表 11-1 成羽層群の層序

		寺岡（1959年）	鈴木ほか（1995年）
成羽層群	上位 ↑ ↓ 下位	地頭層	日名畑層
			日名層
		日名畑層	最上山層
			地頭層
		最上山層	仁賀層

(平成7) 年, 鈴木茂之らにより酸性凝灰岩やモノチスの分布から, 成羽層群は下位より仁賀層, 地頭層, 最上山層, 日名層, 日名畑層の5層に分けられています (**表 11-1**)。

仁賀層：下位より粗粒砂岩, 砂岩泥岩互層, 泥岩, 炭質泥岩からなる層の繰り返しで構成されます。植物化石を産し炭層が多く, 河川の堆積物と考えられています。

地頭層：粗粒砂岩, 泥岩, 砂岩泥岩互層, 酸性凝灰岩からなり, モノチスを多産します。海浜付近の堆積物と考えられています。

最上山層：下位より礫岩を伴う砂岩, 砂岩泥岩互層, 泥岩からなる層の繰り返しで構成されます。植物化石を産し, 河川の堆積物と考えられています。

日名層：おもに礫岩からなり, 砂岩, 泥岩を伴います。植物化石を産し, 河川の堆積物と考えられています。

日名畑層：下位より粗粒砂岩, 砂岩泥岩互層, 泥岩からなり, 植物化石を多産します。氾濫原が発達した河川の堆積物と考えられています。

このコースでは, 高梁市成羽美術館で成羽から産出した化石を見学し, 植物化石を多産する成羽層群の地層を観察してみましょう。植物化石は見つけにくいかも知れませんが, 根気強く探しましょう。ただし, 日名畑周辺は岡山県の天然記念物に指定されていて採集は禁止されていますので, 観察するだけにしましょう。

〔**みどころ**〕

① 高梁市成羽美術館で成羽から産出した各種化石の特徴を観察しましょう。
② 三畳紀の礫岩を観察しましょう。
③ 日名畑で三畳紀の植物化石を観察しましょう。

11. 成羽, 日名畑 —三畳紀の植物化石—　83

〔地図〕　2万5千分の1地形図「高梁」「三山」

高梁市成羽美術館（**A**）　（東経133°32′12″，北緯34°46′51″）

　高梁から国道313号線を井原方面へ進みます。成羽橋を渡り西へ約1km進むと，左側にコンクリートでできた建物が見えてきます。これが高梁市成羽美術館です。この建物は著名な建築家安藤忠雄氏の設計によるもので，建物自体にもみどころが多いです。入口は裏側のスロープを上がった2階です。裏にある水の流れる庭と建物との調和も素晴らしいものです（**図11-2**）。

図11-2　高梁市成羽美術館

　この美術館は1953（昭和28）年に町立美術館として開館し，67年に現在の成羽町文化センター内に移されて美術館・博物館となりました。当時は，成羽町出身の児島虎次郎画伯（1881-1929年）の絵画・収集品と成羽の化石が展示されていました。現在の場所に開館したのは1994（平成6）年のことです。美術館ではありますが，成羽で採集された三畳紀の植物化石や貝化石も多数展示されています。発見された植物化石はシダ，トクサ，イチョウなど100種以上に及び，その中には新種30種ほどが含まれています。美術館にはそのうちのかなりの数が展示されており，現在では採集の難しい化石も多いので，ぜひ見ておきましょう。ミュージアムショップで販売している図録も参考になります。

三畳紀の礫岩（**B**）　（東経133°32′31″，北緯34°44′42″）

　成羽美術館から高梁方面へ約1km戻り，成羽橋の手前を右に曲がってそのまま約4.5km進むと，保木橋があります（地点B）。この手前に礫岩の露頭があります。三畳紀にできた成羽層群のものです。数cmから10cmぐ

図11-3　成羽層群の礫岩

84　Ⅱ．岡山県の地学めぐり

らいまでの比較的大きな礫でできています。そのおもな種類は火成岩で，流紋岩や花崗岩の礫が観察できます。そのほかにもどんな種類の礫が含まれているか，どんな形をしているか調べてみましょう。道路沿いの日名川の河原にも礫岩の転石が見られます（**図 11-3**）。こちらの方が観察や採集に適しています。

日名畑の植物化石（C）　　（東経 133°32′58″，北緯 34°44′24″）

地点 B からさらに南に進むと，高梁市と井原市の境界に日名畑方面を示す標識があります。左側の細い道を進むと分かれ道に来ます。この手前に砂岩と泥岩の互層と礫岩層が観察できます（C_1）（**図 11-4, 11-5**）。砂岩と泥岩の互層は層理面がはっきりしているので，走向・傾斜を測定するのによい教材にな

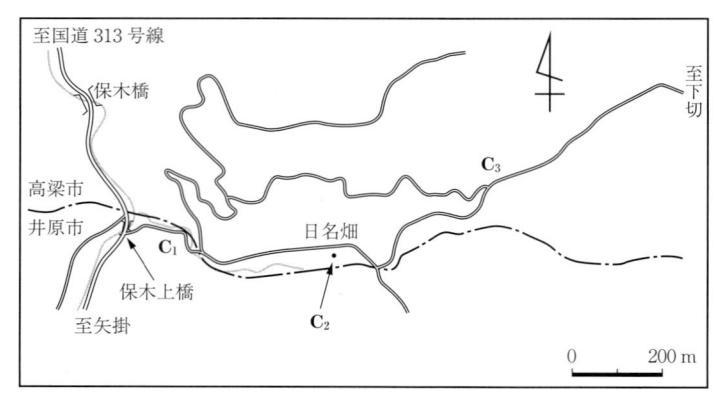

図 11-4　日名畑周辺行程図

図 11-5　砂岩，泥岩互層　　　　　図 11-6　成羽の植物化石層

11. 成羽，日名畑 —三畳紀の植物化石— 85

ります。クリノメーターで測定してみましょう。この泥岩からは植物化石も発見されているので，探してみましょう。

この露頭から東へ約500 m直進すると，「天然記念物成羽の植物化石層」の説明板が立っています（C_2）（**図11-6**）。この説明板のそばにある小川に泥岩が露出しています。この場所は天然記念物に指定されています。かつては多数の植物化石が産出しましたが，現在は採集禁止ですので，見るだけにしておきましょう。

日名畑周辺では植物化石が多数見つかっています。天然記念物の場所からさらに下切方面へ進んだところ（C_3）にある泥岩層からも，植物化石が見つかります（**図11-7**）。そのほかにも上日名地区や水名あたりで多数見つかっているので，探してみましょう（**図11-8**）。

図 11-7　クラドフレビス　　図11-8　上日名化石産地

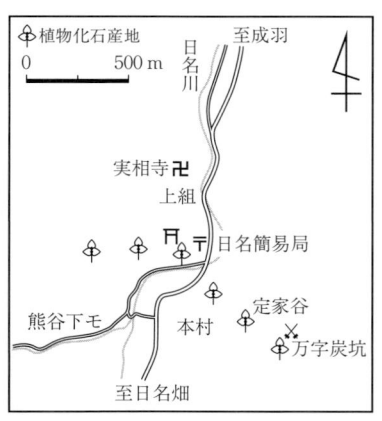

（西谷知久）

参考文献
1) 鈴木茂之・D. K. Asiedu（1995）：岡山県成羽地域の中・古生界，日本地質学会第102年学術大会見学旅行案内書，pp.89-95
2) 寺岡易司（1959）：岡山県成羽町南域の中古生層，特に上部三畳系成羽層群について，地質学雑誌，**65**，pp.494-504

12. 成羽, 枝 —三畳紀のモノチス—

　島木川をはさんだ両側に, 三畳紀の成羽層群の砂岩泥岩層が分布しています(**図 12-1**)。特に枝付近は昔から貝化石モノチスを産出する場所として, 高梁

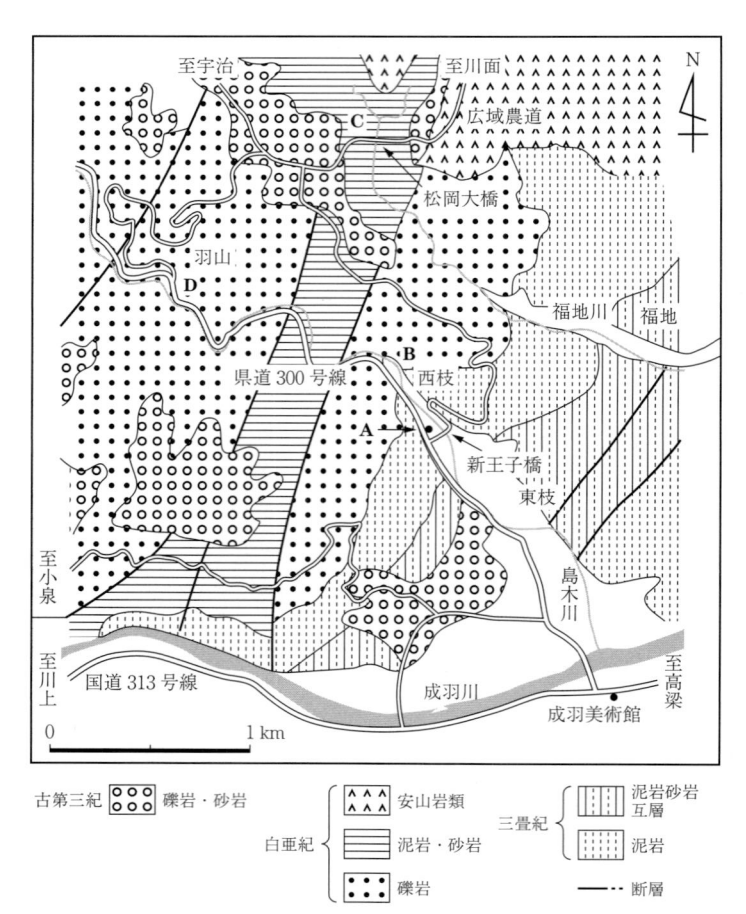

図 12-1 枝周辺の地質と行程図

12. 成羽，枝 —三畳紀のモノチス— 87

市の天然記念物に指定されています。かつては炭坑もあり，植物化石も産出しました。1967（昭和42）年には，地元の小学校の科学クラブの児童が新種の植物化石も発見しています。しかし，最近では植物化石はほとんど見つからないようです。

この地域の北部には白亜紀の礫岩砂岩層が分布しています。この地層は従来，硯石層としてまとめられていましたが，詳しい研究により羽山層と名付けられました。成羽層群と不整合で接する部分が観察され，「枝の不整合」として高梁市の天然記念物に指定されています。

〔みどころ〕
① 三畳紀の貝化石を観察しましょう。
② 三畳紀と白亜紀の地層の不整合を観察しましょう。
③ 古第三紀の地層を観察しましょう。

〔地図〕 2万5千分の1地形図「高梁」

枝の貝化石層（A）（東経133°31′34″，北緯34°47′38″）

成羽町美術館前の信号を北に曲がり，宇治方面へ約1km進むと，宇治方面と広域農道との分かれ道があり，その先に「天然記念物成羽の貝化石層」の説明板があります。この辺りは三畳紀後期の示準化石モノチス（**図12-2**）を産出します。モノチスの代表的な産地として，1955（昭和30）年に岡山県の天然記念物に指定されました。

かつて道路工事をしていたときに，崖から多数のモノチスが見つかりましたが，現在では簡単には見つかりません。新王子橋付近の河原の転石や橋のそばにある神社，新王子橋から広域農道を200mほど登った所の右側に細い道がありますが，その辺りでモノチスの化石が見つかります。ただし，この辺りでの採集は禁止されていますので，観察するだけにしましょう。

図12-2 モノチス

枝の不整合（B）　（東経133°31′27″，北緯34°47′50″）

　広域農道の分かれ道を曲がらず，県道300号線をさらに約500m進むと，道路沿いに「枝の不整合」の説明板があります。実際の露頭はこの説明板の正面の川をはさんだ崖ですが，ここから直接には行けません。約100m進んだ所にも説明板があります。この先の川を渡り下流に戻れば露頭に行けますが，川を渡りにくいので，一度，広域農道への分かれ道まで戻り，その先の橋を渡り川沿いに上流に行くのが無難です。

　ここでは，少し傾斜した砂岩層の上を，石灰岩の礫を多数含む礫岩層がおおっている露頭（**図12-3**）が見えます。砂岩層は三畳紀の成羽層群に含まれるもので，礫岩層は白亜紀の羽山層（硯石層）に含まれるものです。三畳紀の成羽層群の上に白亜紀の羽山層がのっており，その間に約1億年の間隔があります。これほど明瞭な不整合はきわめて貴重ですので，高梁市の天然記念物に指定されています。

図12-3　枝の不整合

松岡大橋の山砂利層（C）　（東経133°31′16″，北緯34°48′28″）

　枝の貝化石層の説明板の手前にある新王子橋を渡り，そのまま直進します。道は広いので自動車も十分通ります。約500m進むと，東側に細い道があります。この周辺の転石にもモノチスが含まれています。この道を造っているときに，崖から多数のモノチスが見つかりました。

　このまま約2km直進すると，広域農道（かぐら街道）に突き当たります。東に曲がり，約300m進むと松岡大橋が見えてきます。この橋の手前に駐車場があり，そこに山砂利層の説明板があるので見てみましょう。付近の崖はコンクリートでおおわれていますが，一部分コンクリートがなく，礫岩層が露出している所があります（**図12-4**）。この礫岩層が山砂利層で，この辺りから成羽町にかけて分布しています。

山砂利層は岡山県中部から東部にかけて分布しており，古第三紀の河川堆積物でできた地層であることが明らかになっています。この地域の山砂利層も層相と産状が似ているため，古第三紀の地層と考えられます。しかし，高梁市川上町から井原市芳井町にかけて分布している山砂利層（高瀬層）は，地形的な見地から新第三紀中新世の地層であるという説もあり，今後の研究が待たれます。

図12-4 松岡大橋の山砂利層

羽山層の石灰岩礫岩（D）（東経133°30′43″，北緯34°48′00″）

枝の不整合の説明板から羽山方面へ細い道を約1km進むと，分かれ道があります。この周辺には礫岩が露出しています（図12-5）。この礫岩は白亜紀の地層の羽山層に属します。

羽山層は礫岩から砂岩を経て泥岩になる上方細粒化が顕著に認められ，礫岩を主とする下部の枝礫岩部層と，泥岩を主とする上部の空泥岩部層に分けられています。

図12-5 羽山層の礫岩

礫岩は石灰岩礫を多く含むのが特徴で，特に基底部ではほとんど石灰岩礫のみからなります。礫岩をよく見ると，ところどころ穴が開いたように見えます。これは，礫岩に含まれていた石灰岩の礫が抜け落ちた跡です。泥岩は赤色を呈し，カリーチ（18ページ参照）を伴うことがあります。この赤色は堆積時にはすでについていたと考えられています。

羽山層は基底の不整合面を追跡することにより古地形が復元され，河川堆積物であることがわかってきました。また，礫のインブリケーション（80ページ参照）より北から南へ向かう古流向が示されています。

羽山層にはさまれる流紋岩質凝灰岩を用いた年代測定により，羽山層は1億年前の地層であることがわかっています。井原市に稲倉層と呼ばれるカイエビ化石を産出する地層があります。以前は羽山層も稲倉層も硯石層と呼ばれ，同じ時代の地層と考えられてきました。しかし，カイエビ化石の産出や年代測定により，羽山層は稲倉層よりも新しい時代の地層になることがわかりました。

(西谷知久)

参考文献
1) 太田陽子・成瀬敏郎・田中眞吾・岡田篤正（2004）：日本の地形6　近畿・中国・四国，東京大学出版会
2) 鈴木茂之・D. K. Asiedu（1995）：岡山県成羽地域の中・古生界，日本地質学会第102年学術大会見学旅行案内書
3) 鈴木茂之・D. K. Asiedu・藤原民章（2001）：岡山県成羽地域の下部白亜系河成層―羽山層，地質学雑誌，**107**，pp.541-556

トロッコ道

高梁市成羽町坂本にあった吉岡鉱山で採掘された鉱石を運ぶのに使われていたのが，吉岡鉱山専用軌道（通称トロッコ道）です。1908（明治41）年に高梁市備中町田原から成羽町成羽まで開通し，1914（大正3）年に田原から成羽町坂本の吉岡鉱山本部まで延びました（**図12-6**）。

成羽町の古町にフラットという地名がありますが，これは古町に停車場のプラットホームがあり，これからフラットの地名が生まれたと考えられます。

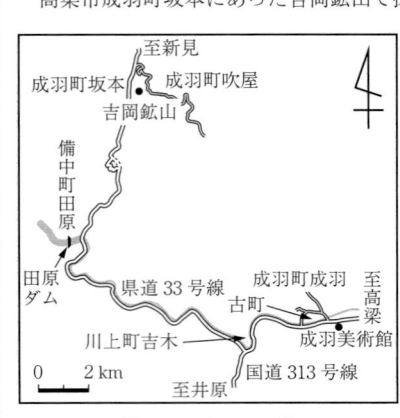

図12-6 トロッコ道

13. 羽山〜布寄 —石灰岩とカルスト地形—

　羽山〜布寄は，成羽川と島木川がそれぞれ作るV字谷にはさまれた地域で，吉備高原の一部です。標高400m前後の比較的なだらかな地形が続きます。その大部分を石灰岩層が占め，それをおおう形で白亜紀の火山岩類が転々と分布しています（**図13-1**）。この石灰岩層は中村石灰岩と呼ばれ，最下部に玄武岩質溶岩・凝灰岩があり，その上に石灰岩がのっています。石灰岩の上位には泥岩を主とし，レンズ状に石灰岩をはさむ宇治層が分布しています。石灰岩層は石炭紀中期からペルム紀中期にわたって形成されたもので，最下部は備中町長屋付近に見られます。東部ほど新しい時代の石灰岩が分布しています。

　羽山周辺には羽山層と呼ばれる白亜紀の砕屑岩層が分布し，成羽町枝まで続いています。おもに石灰岩礫を多数含む礫岩からできています。備中町長屋付

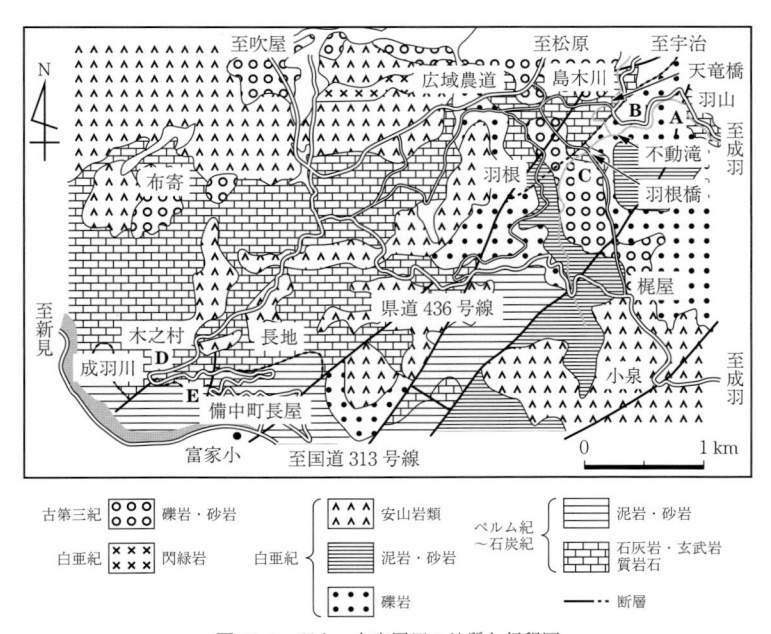

図13-1 羽山〜布寄周辺の地質と行程図

近では，石灰岩層の下位に富家層と呼ばれるペルム紀の砂岩泥岩層が分布しています。

〔みどころ〕
① 羽山渓と石灰岩を観察しましょう。
② 羽根の地層の逆転構造を観察しましょう。
③ 羽根のフズリナ化石を観察しましょう。
④ 夫婦岩とカルスト地形を観察しましょう。

〔地図〕 2万5千分の1地形図「高梁」「備中市場」

羽山渓と穴小屋（A）（東経133°29′58″，北緯34°48′33″）

成羽から県道300号線を島木川沿いに宇治方面へ進むと，途中に羽山と宇治への分かれ道があります。この辺りには羽山層の石灰岩礫岩が分布しています（**図13-2**）。分かれ道を宇治方面へ進みます。道は細いので注意しながら進みましょう。羽山を過ぎた所から道沿いに三畳紀の成羽層群の泥岩層が現れてきます。この辺りの成羽層群からは，ネオカラミテスやポドザミテスなどの植物化石が見つかります。また，羽山層の礫岩との接触部まで観察できる露頭もあります（**図13-3**）。羽山層と成羽層群がどのような関係で接しているか観察してみましょう。

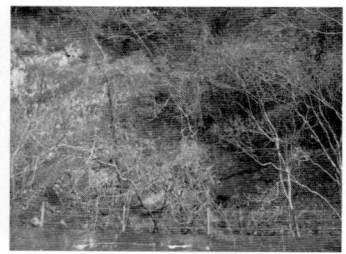

図13-2 石灰岩礫岩　　**図13-3** 羽山層と成羽層群の接触部

さらに進むと，石灰岩の崖が迫ってきます。小さなトンネルを過ぎると鍾乳洞があります。この鍾乳洞は奥行き約100mの小さなもので，「穴小屋」と呼ばれています（**図13-4**）。はっきりとした鍾乳石はわかりにくいですが，中を観察してみましょう。コウモリが見つかることもあります。

13. 羽山〜布寄 —石灰岩とカルスト地形— 93

　この辺りは羽山渓と呼ばれ，島木川が作る石灰岩の渓谷になっています。トンネルの出口の真上でロッククライミングを行っている人もいるので，通行には注意しましょう。

　穴小屋から約 100 m 進むと，島木川に下りる道があります。ここを下りると，石灰岩が作る渓谷が観察できます。よく見ると地上から約 2 m の高さの所にへこんだ部分が観察できます（**図 13-5**）。これはノッチと呼ばれるもので，河川の侵食によりできたものです。いくつかへこんだ部分があるので観察してみましょう。

図 13-4 穴小屋とその周辺　　　**図 13-5** 羽山渓

羽根の地層の逆転構造（B）　（東経 133°29′35″，北緯 34°48′34″）

　地点 A からさらに県道 300 号線を進みます。途中には白亜紀の羽山層の礫岩砂岩層やペルム紀の石灰岩が露出しています。

　しばらく進むとトンネルが見え，その手前に「羽根の地層の逆転構造」の説明板が立っています。この付近はかつて高梁市川上町の大賀デッケンに連続するものと考えられ，羽山デッケンと名付けられています。現在ではデッケンという考え方は否定されていますが，今でもトンネルのそばに羽山デッケンという小さな石柱が立てられています。トンネルの周辺には石灰岩が露出していて，レピドリナ（*Lepidolina*）やコラニア（*Colania*）などペルム紀中期のフズリナが見つかります。

　説明板のそばに島木川に下りる道があります。島木川に下りる途中に転がっている石灰岩にもフズリナが多く含まれています。

　河原まで下りると泥岩が露出しています（**図 13-6**）。この泥岩はかつて白亜

図 13-6 羽山地層の逆転構造

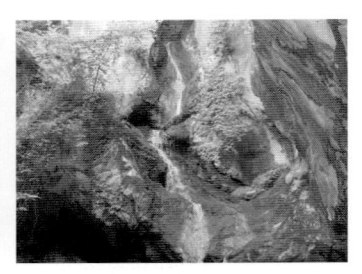

図 13-7 不動滝

紀の地層とされていました。その上位にペルム紀の石灰岩があり，その関係は衝上断層で接しているとされていました。

　この泥岩はペルム紀の宇治層に属し，石灰岩の上に整合的に重なるものであることがわかりました。しかし，実際には，石灰岩より時代的に新しい泥岩の方が下位にあります。その理由は何でしょうか。もともとは石灰岩の上位に泥が堆積し，泥岩になりました。その後の地殻変動により地層が上下にひっくり返り，時代的に新しい泥岩層が下位に見られるようになったと考えられます。河原にある石灰岩からはペルム紀のフズリナが見つかります。観察してみましょう。

　少し上流には，不動滝と呼ばれる滝も観察することができます（**図 13-7**）。河原は滑りやすいので，足下に注意しながら観察しましょう。

羽根のフズリナ化石（**C**）　（東経 133°29′21″，北緯 34°48′26″）

　トンネルを過ぎると分かれ道があります。この周辺にも石灰岩が露出していて，フズリナ化石も見つかります。

　この分かれ道から天竜橋を渡り，約 1 km 進んで羽根橋まで行きましょう。この川は不動滝に通じています。羽根橋のそばには石灰岩が小山のように露出しています（**図 13-**

図 13-8 羽根橋の石灰岩

13. 羽山～布寄 —石灰岩とカルスト地形— 95

8)。この小山全体がフズリナの山といってよいほどにフズリナが密集しています。近くの転石にも多く含まれているので探してみましょう。このフズリナは、トリティシテス（*Triticites*）などペルム紀初期のものです。フズリナ以外の化石も探してみましょう。

夫婦岩（D）（東経133°27′06″，北緯34°47′38″）

羽根から備中町長屋へ向かいます。羽根から行くときには広域農道まで出た方が無難でしょう。長地を過ぎ木之村まで行くと夫婦岩があります（図13-9）。これは石灰岩でできた奇岩で、高さが16mと12mの2本の石灰岩の柱でできています。2か所の展望台があるので、それぞれの位置から見てみましょう。北側の展望台からは、成羽川が作るV字谷と平らな吉備高原の地形が観察できます。

図13-9　夫婦岩

夫婦岩付近の石灰岩は石炭紀のもので、肉眼で観察できる化石は少ないでしょう。木之村付近にはドリーネやカレンなどカルスト地形もあるので、観察してみましょう。

石灰岩層の基底（E）（東経133°27′20″，北緯34°47′28″）

夫婦岩から備中町へ下りてみます。最初は石灰岩が続きますが、すぐに玄武岩質岩石に変わります。この玄武岩質岩石は石灰岩層の下部によく見られる岩石で、海底火山として作られたものです。この上に石灰岩が堆積しました。よく見ると約1mmの丸い粒子が密集しています（図13-10）。この粒子はウーイド（ooid）と呼ばれます。

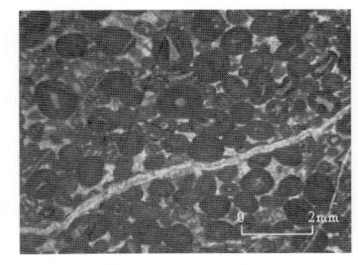

図13-10　ウーイド

ウーイドは現在ではペルシャ湾やバハマ諸島など暖かく浅い海で形成されています。生物片などの小さな粒を核とし，海水中の炭酸塩を沈着してしだいに大きくなったものと考えられ，顕微鏡で見ると同心円状の構造が観察できます。石灰岩中に含まれるウーイドも同じように暖かく浅い海で作られたものと考えられ，環境を示すよい指標になります。ウーイドを含む石灰岩は岡山県では石炭紀中ごろの石灰岩に多く見られます。

玄武岩質岩石と石灰岩の境界を見ましょう。境界がはっきりしているのがわかります（図13-11）。またその境界もでこぼこしています。このことは何を示しているでしょうか。海底火山は海面すれすれまで成長していました。火山活動が終息した後，ウーイドができるような環境になったことがわかります。海底火山の頂上は平らではなく，多少でこぼこしていたことでしょう。

図13-11 玄武岩質岩石と石灰岩の境界

ここから備中町まで下りる途中には，砂岩泥岩層や安山岩岩脈が観察できます。見かけ上，下位に砂岩泥岩層が分布しています。石灰岩層とは低角度の断層で接しています。この砂岩泥岩層は富家層と呼ばれます。化石を産出しないので時代ははっきりしませんが，高梁市川上町南部に分布する芳井層群に相当するものと考えられ，ペルム紀の地層とされています。

（西谷知久）

参考文献

1) 沖村雄二・長谷　晃（1973）：岡山県成羽町北西地域の"大賀衝上"，梅垣嘉治先生退官記念文集，pp.113-120
2) 定金司郎（1965）：岡山県川上郡富家地域の古生層，岡山大学理学部紀要，1，pp.103-110
3) 横山忠正（1980）：中村石灰岩の堆積相，地球科学，34，pp.320-332
4) 吉村典久（1961）：中国地方中部大賀台地の古生層の層序と構造，広島大学地学研究報告，10，pp.1-40

14. 吹屋 —銅山の町—

備中町田原から成羽町坂本に至る県道33号線は，直線的な谷地形を示しています。これは断層沿いにできた断層線谷です。この谷の両側は急峻な地形と

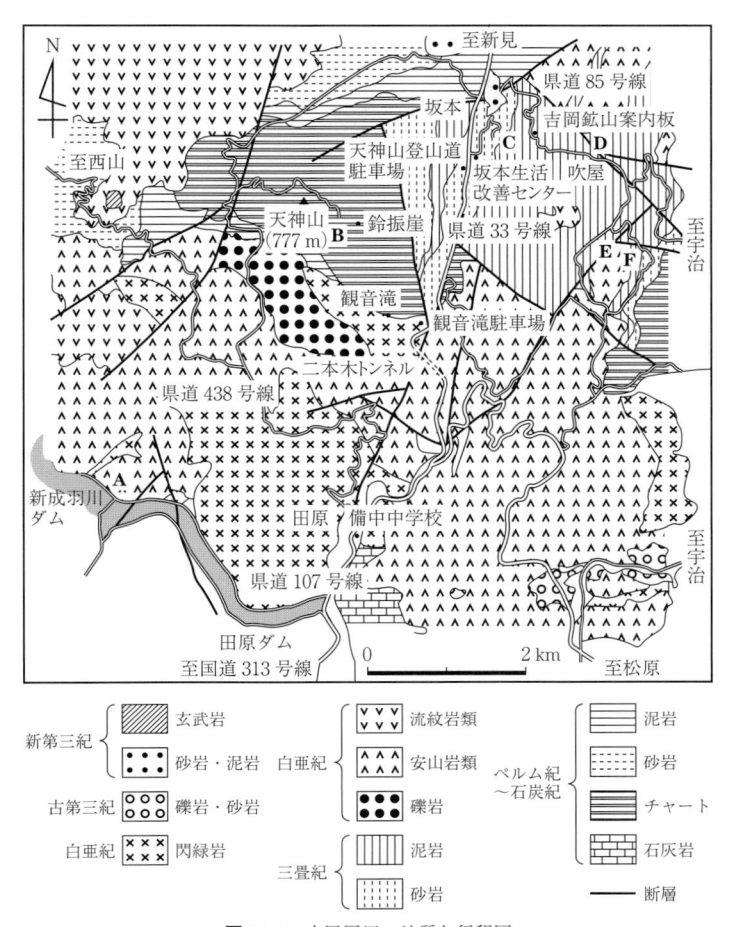

図 14-1 吹屋周辺の地質と行程図

凡例：
- 新第三紀：玄武岩／砂岩・泥岩
- 古第三紀：礫岩・砂岩
- 白亜紀：閃緑岩／流紋岩類／安山岩類／礫岩
- 三畳紀：泥岩／砂岩
- ペルム紀～石炭紀：泥岩／砂岩／チャート／石灰岩
- 断層

なっていて，坂本の西側にはこの周辺で最も高い天神山（標高777 m）があります。谷の両側には三畳紀の成羽層群が分布しています。天神山はペルム紀のチャートでできています。吹屋付近には塩基性片岩を主とした地層が分布しています（**図14-1**）。

吹屋はかつて鉱山の町として栄えました。吹屋銅山の起源は807（大同2）年と1403（応永10）年の説があり，はっきりしていませんが，1972（昭和47）年まで盛衰を繰り返しながら採掘が行われてきました。

坂本から吹屋にかけて，明治・大正時代に吉岡鉱山，本山鉱山など数多くの鉱山が稼働していました。現在，その様子がわかるのは吉岡鉱山とその製錬所，観光施設になっている笹畝坑道ぐらいです。

1707（宝永4）年にはベンガラの生産が始まりました。ベンガラは酸化鉄（Ⅲ）でできていて，吹屋銅山で採掘された磁硫鉄鉱を原料に生産され，赤色顔料として利用されています。

〔みどころ〕
① 田原ダム周辺の安山岩を観察しましょう。
② 天神山の地形とチャートを観察しましょう。
③ 吹屋銅山の歴史をたどりましょう。

〔地図〕 2万5千分の1地形図「吹屋」「備中市場」

新成羽川ダム周辺の安山岩（**A**）

（東経133°24′04″，北緯34°49′25″）

備中町田原から県道33号線を少し南に進むと，西側に田原ダムの堰堤が見えてきます。西に曲がり県道107号線を約500 m進むと，その堰堤に着きます。この付近には閃緑岩が分布しています。さらに約3 km進むと新成羽川ダムの堰堤に着きます。この周辺の道路沿いに安山岩の露頭があります（**図14-2**）。

この辺りの安山岩はやや青みがかった灰色をしていて，白色の斜長石や緑色の柱状をした角閃石の斑晶がよく見

図14-2 新成羽川ダム周辺の安山岩

14. 吹屋 ―銅山の町― 99

えます。白亜紀の火山活動によってできたもので，田原ダムから新成羽川ダムにかけての道沿いに観察できます。新成羽川ダム周辺には，10 cm 前後の厚さの板状節理も発達しています。周辺には安山岩質の角礫凝灰岩もしばしば観察できるので，探してみましょう。

天神山のチャート（B）　（東経 133° 26′ 01″，北緯 34° 51′ 20″）

備中町田原から県道 438 号線を西山方面に進みます。約 3 km 進むと天神山へ行く道があるのでこちらを進みましょう。細い道ですが，車は十分に通れます。天神山は高梁市周辺では最も高い山です。頂上付近に広場があるので，車を止めて鈴振崖を目指しましょう（図 14-3）。ここからの眺めは素晴らしいものがあります。天神山はペルム紀のチャートでできていて，登る途中や鈴振崖周辺で観察することができます。成羽町坂本

図 14-3　天神山鈴振崖

からも道がつながっていますが，こちらの道は細いので車での通行は避けた方がよいでしょう。坂本生活改善センターの近くには天神山への登山道があるので，歩いて登ることもできます。

天神山のふもとに観音滝と呼ばれる滝があります。この周辺でもチャートが観察できます。観音滝へは二本木トンネルの北にある駐車場から徒歩約 15 分で着きます。

吉岡鉱山遺跡（C）　（東経 133° 27′ 18″，北緯 34° 51′ 55″）

成羽町坂本から県道 85 号線を吹屋へ進みます。吹屋に行く途中に「吉岡鉱山跡 500 m」の案内板があります。この道を下りていくと吉岡鉱山跡へ行くことができますが，大変細い道です。車で行く場合には，坂本生活改善センターから山道を進みます。県道 33 号線から同センター横を通り，小さな案内板を頼りに登って行きます。約 1 km 進むと左側に吉岡鉱山のズリが，その先約 100 m の所には吉岡銅山遺跡群の看板があります。ここが吉岡鉱山と製錬所跡

です。現在では建物は壊され、選鉱場、沈殿池などの基礎だけが残っています（**図14-4**）。最も奥には実際に使われた坑道の三番坑口があります（**図14-5**）。現在は入れないようにしてありますが、当時の様子を偲ぶことはできるでしょう。この場所では鉱石はあまり見つからないので、鉱石を探す場合はここから約100m手前にあるズリを探した方がよいでしょう。

吉岡鉱山は古生層中に形成された鉱脈鉱床と接触交代鉱床で、黄銅鉱、磁硫鉄鉱を中心に、閃亜鉛鉱、硫砒鉄鉱などを産出しました。

図14-4　選鉱場跡　　　　　図14-5　三番坑口

吹屋ふるさと村と資料館（D）

（東経133°28′05″，北緯34°51′44″）

田原から県道33号線を進み、坂本から県道85号線を約3km東へ進むと「吹屋ふるさと村」に着きます。村内を散策してみましょう。大通りには郷土館など吹屋が栄えていた時代の名残を目にすることができます（**図14-6**）。ベ

図14-6　吹屋の町並み　　　　図14-7　吹屋小学校

ンガラを塗った壁板も特徴的です。散策していくと，土産物屋で成羽の貝化石モノチスを見ることができるでしょう。ベンガラは販売されてもいます。

　大通りから離れた所に資料館があります。普段は誰もいないので，自由に見学できます。昔の鉱山で使用された道具のほか，吹屋の鉱石も展示されているので，一度見てみましょう。近くには明治時代に建築され，2012（平成24）年3月まで使用された吹屋小学校があります（**図14-7**）。

ベンガラ館（**E**）　（東経133°28′06″，北緯34°51′11″）

　吹屋ふるさと村から宇治方面へ向かいます。途中の標識に従って約1 km進むとベンガラ館に着きます（**図14-8**）。

　吹屋は銅の産出とともにベンガラの産地としても有名でした。その様子を再現したのがベンガラ館です。明治のころのベンガラ工場の様子を再現していて，当時のベンガラの製造工程を知ることができます。ベンガラ工場や吹屋銅山の過去の様子の写真も展示されており，当時の様子を偲ぶことができます。

図14-8　ベンガラ館

　ベンガラは磁硫鉄鉱を原料にして作った酸化鉄で，顔料，釉薬などに利用されてきました。製造過程でできた二酸化硫黄により山の植物は枯れ，ベンガラの色で山が赤く染まったといわれています。

笹畝坑道（**F**）　（東経133°28′20″，北緯34°51′10″）

　ベンガラ館から少し戻り，標識に従って約300 m進むと笹畝坑道に着きます（**図14-9**）。

　笹畝坑道はかつての坑道の一つで，現在は観光坑道として整備されています。黄銅鉱を中心に磁硫鉄鉱などの鉱石を産出しました。1978（昭和53）年からふるさと村整備事業などにより，観光施設となっています。中には等身大の動く人形などが置かれ，当時の採掘作業の様子がわかるようになっています。

図 14-9　笹畝坑道

坑道出口付近には実際の露頭や江戸時代の精錬所跡もあるので見学してみましょう。

(西谷知久)

参考文献
1) 成羽町史編集委員会 (1996)：成羽町史　通史編，成羽町
2) 前川　満 (2008)：岡山文庫 225「備中吹屋」を歩く，日本文教出版

広兼邸と小泉鉱山

　笹畝坑道から南に約 1.5 km 進むと，広兼邸に着きます (**図 14-10**)。江戸時代後期に，小泉鉱山とベンガラの原料のローハの製造で財をなした広兼家の邸宅です。映画のロケ地としても有名になりました。
　小泉鉱山は高梁市成羽町小泉にあった鉱山で，昭和の中ごろまで稼行され，おもに銅と鉛の鉱石を採掘していました (**図 14-11**)。

図 14-10　広兼邸　　　　　図 14-11　小泉鉱山

15. 賀陽 —中新世の化石—

　この地域の大部分を白亜紀の花崗岩が占め，白亜紀の流紋岩質凝灰岩が大和山を中心に分布しています（図15-1）。賀陽インターチェンジ周辺や「道の駅かよう」周辺，吉川周辺にわずかに砂岩礫岩層が観察できます。

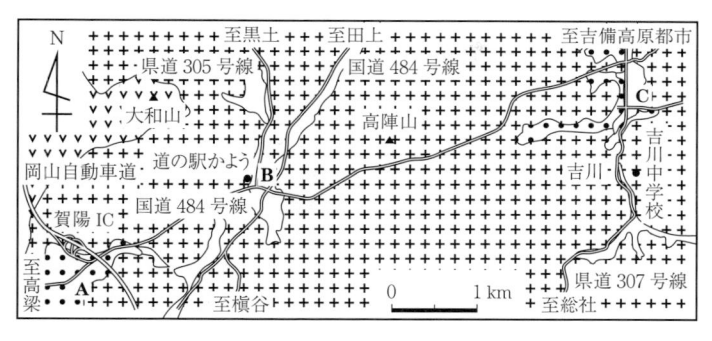

図 15-1　賀陽周辺の地質と行程図

〔みどころ〕
① 準平原の地形を観察しましょう。
② 新第三紀の地層を観察しましょう。

〔地図〕　2万5千分の1地形図「豪渓」

賀陽インターチェンジ付近の新第三紀層（A）

（東経 133°40′44″，北緯 34°48′18″）

　賀陽インターチェンジ付近の国道484号線沿いでは，砂岩礫岩層が観察できます（図15-2）。

図 15-2　賀陽の新第三紀層

この地層は新第三紀中新世のもので、薄い亜炭層や貝化石を含みます。貝化石は小型の巻貝やカキの化石が観察できますが、ほとんどが破片状です。

「道の駅かよう」のサンドパイプ（B）
（東経133°42′24″, 北緯34°48′56″）

地点Aから吉備高原都市へ向かいましょう。途中に道の駅があります。この約100m手前の道路沿いに砂岩層が露出しています。化石はほとんど見つかりませんが、サンドパイプが観察できます（図15-3）。地層の特徴から新第三紀中新世のものと考えられます。

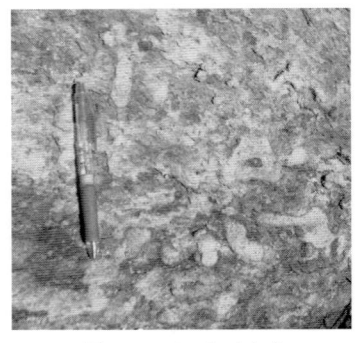

図15-3 サンドパイプ

八丁畷の準平原面（C）（東経133°45′10″, 北緯34°49′28″）

この周辺では標高350m前後の平坦な地形が観察できます。吉備高原が準平原になったときの地形を残したものとして、岡山県の天然記念物に指定されています（図15-4）。準平原とは陸化した地面が長い間に侵食を受けて起伏が小さくなり、ほぼ平らになった地形をいいます。

（西谷知久）

図15-4 八丁畷の準平原

参考文献
1) 太田陽子・成瀬敏郎・田中眞吾・岡田篤正（2004）：日本の地形6 近畿・中国・四国，東京大学出版会

16. 有漢 —中新世—

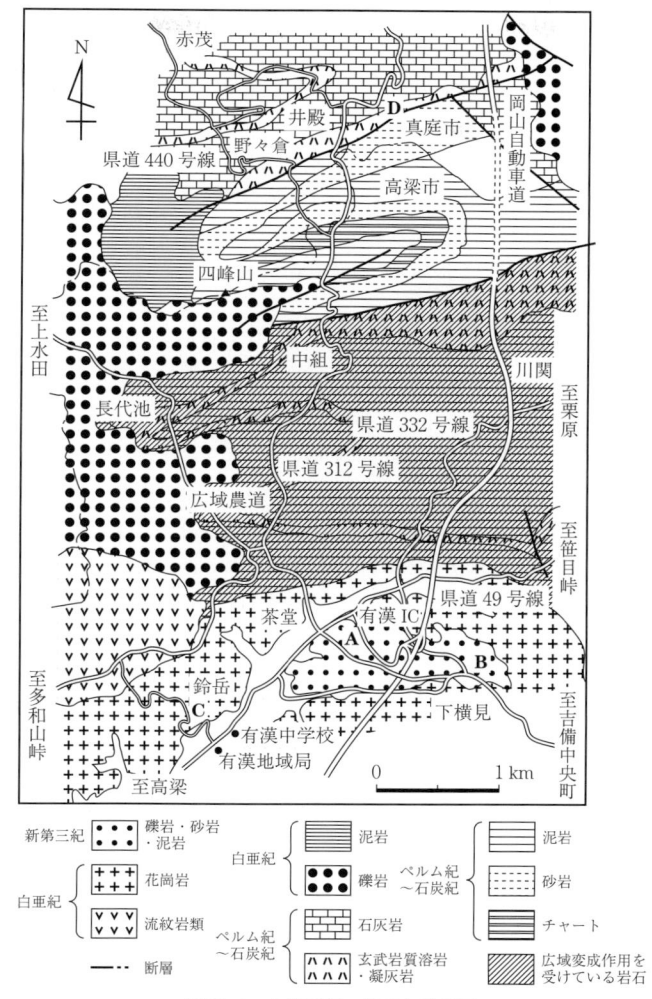

図 16-1 有漢周辺の地質と行程図

有漢インターチェンジ（IC）を中心に、県道49号線沿いに新第三紀中新世の地層が分布しています（**図16-1**）。それらの基盤として、白亜紀の花崗岩が観察できます。

茶堂（ちゃどう）から県道312号線へ向かうと井殿（いどの）までの間に花崗岩、結晶片岩、砕屑岩層、石灰岩層の順に観察できます。

高梁市と真庭市の境界が高梁川水系と旭川水系の分水嶺になっています。

〔みどころ〕
① うかん常山（つねやま）公園で新第三紀の化石を観察しましょう。
② 新第三紀中新世の礫岩を観察しましょう。
③ 備中鍾乳穴（かなちあな）を見学しましょう。

〔**地図**〕 2万5千分の1地形図「有漢市場」「皆部（あざえ）」

うかん常山公園（**A**） （東経133°40′32″，北緯34°54′44″）

有漢インターチェンジから茶堂の交差点を曲がり、うかん常山公園へ向かいます。

公園に着いてまず目につくのが、石の風ぐるまです。花崗岩でできた風車が7基あります。羽根の部分は岡山市万成の花崗岩でできており、わずか風速2～3mの風で回ります。どのような仕組みで回るのか考えてみましょう。

駐車場からは小さな城が見えます（**図16-2**）。これは「風と化石の館」といい、展望台になっています。内部には多数の化石が展示されています。

県道49号線から公園へ通じる道路を作る時に、切り割りから多数の化石が発見されました。現在は法面（のりめん）工事によりほとんどおおわれていますが、一部が観察できるように保存されています（**図16-3**）。そばにある説明板を見てみましょう。草が生えていて見にくい所もありますが、この辺りの地層の全体像を把握しやすくなっています。

この貝化石を産する地層は有漢累層と呼ばれます。新第三紀中新世の地層で、備北層群に対比されています。この場所では花崗閃緑岩を基盤として、礫岩・砂岩層が露出しています。全体的には上方に向かって細粒化しています。

この辺りから発見された化石は、風と化石の館に展示されています。カキ（*Crassostrea*）やビカリア（*Vicarya*）、ゲロイナ（*Geloina*）など多種多様な貝化石のほか、クジラの骨、スッポンなどの化石も見つかっています。堆積当時の

16. 有漢 —中新世— 107

図 16-2 風と化石の館　　　　図 16-3 保存された露頭

様子を表す展示物を見てみると，この辺りの地層の様子がよくわかるでしょう。

下横見の新第三紀層（B）（東経 133°40′59″，北緯 34°54′42″）

有漢インターチェンジの南に新第三紀層の地層が露出しています（図 16-4)。おもに砂岩層で，礫岩や亜炭層をはさみます。サンドパイプも観察できます。

ここと同じ地層からは，ビカリアやゲロイナの化石が見つかっています。化石を見つけるのは容易ではありませんが，根気強く探してみましょう。

図 16-4 下横見の砂岩層

鈴岳の新第三紀層礫岩（C）

（東経 133°39′38″，北緯 34°54′18″）

県道 49 号線沿いの有漢地域局の前に細い道があります。車は十分通れるのでこの道を進みます。最初のカーブを曲がった所に崖があります。ここに礫岩層が露出しています

図 16-5 鈴岳礫岩層

(図 16-5)。

有漢累層の最下部には礫岩層が分布しています。この場所がその模式地です。基盤の白亜紀の花崗岩の上に不整合に礫岩層がのっているのが観察できます。現在は草が生えていて不整合面を観察するのは難しいですが，注意して観察してみましょう。礫は数十 cm にも及ぶ大きなものもあります。どのような種類の礫が多いか，礫はどちらの方向を向いているかを調べるとおもしろいでしょう。

備中鍾乳穴（D）（東経 133°40′44″，北緯 34°57′21″）

茶堂から県道 312 号線を北に向かって進みます。約 1 km 進むと，上水田に通じる広域農道との分かれ道があります。まっすぐ県道 312 号線を進みます。最初は三郡変成岩に属する泥質片岩が観察できます。さらに進むと含礫泥岩が現れ，高梁市と真庭市の境界付近からチャート，砂岩が観察されるようになります。真庭市に入ると石灰岩に変わります。真庭市に入ってしばらく進むと，備中鍾乳穴の案内板があります。備中鍾乳穴は県道 312 号線から少し下りた所にあります。

備中鍾乳穴は，今から 1200 年前には発見されていたといわれています。観光施設となってからは約 30 年になります。現在見ることができるのは，入口から約 300 m までの範囲です。この先にも鍾乳洞は続いています。

この辺りには石灰岩が分布していて，若干ですがカルスト地形も観察できます。備中鍾乳穴がある場所もドリーネになっています。井殿周辺にはいくつかのドリーネが観察できます。石灰岩といえば化石が見つかると思いがちですが，この周辺ではやや見つかりにくいです。野々倉から赤茂に向かう道沿いや河原にはサンゴやフズリナが見つかります。

(西谷知久)

参 考 文 献

1) Naka, T. (1995)：Stratigraphy and geologic development of the Carboniferous to Permian strata in the Atetsu region, Akiyoshi Terrane, Southwest Japan, *Jour. Sci. Hiroshima Univ., Ser. C*, **10**, pp.199-266
2) 藤原貴生・田口栄次・鈴木茂之（2001）：有漢町に分布する中新統有漢累層，岡山大学地球科学研究報告，**8**，pp.1-12

17. 豊永 —石灰岩—

　豊永周辺では，ほぼ平坦な地形が台地状に続き，阿哲台（狭義には豊永台）と呼ばれています。その大部分を石灰岩が占め，阿哲石灰岩と呼ばれて，古くから古生物序学的，堆積学的に研究されてきました（図17-1）。

　阿哲石灰岩は石炭紀からペルム紀にわたって形成された地層で，その最下部に玄武岩質岩石があり，その上にほぼ整合に石灰岩が重なっています。これは，大洋上の海底火山上に石灰岩が形成したものと考えられています。その海山がプレートに乗り，現在の場所に移動してきたものです。石灰岩の上には泥

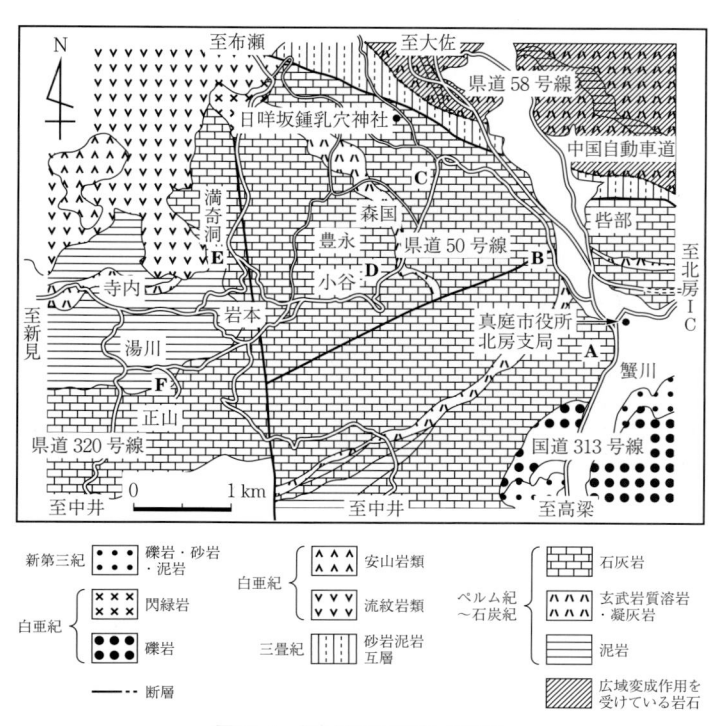

図17-1　豊永周辺の地質と行程図

岩・砂岩層が整合関係で重なっています。

阿哲石灰岩は産出するフズリナ, 小型有孔虫により六つの層に分けられています。石炭紀は下位より名越層, 小谷層に, ペルム紀は岩本層, 正山層, 槙層, 寺内層にそれぞれ分けられています。

〔**みどころ**〕
① 蟹川と畦部のフズリナ化石を観察しましょう。
② 森国のカルスト地形とフズリナ化石を観察しましょう。
③ 満奇洞と石灰岩を観察しましょう。
④ 泥岩中の石灰岩を観察しましょう。

〔**地図**〕 2万5千分の1地形図「畦部」「井倉」

蟹川のペルム紀フズリナ化石 (**A**)

(東経133°37′42″, 北緯34°57′23″)

真庭市役所北房支局から国道313号線を南に進み, 備中川に架かる橋を渡ると国道313号線から分かれ, 備中高原北房カントリークラブに進む道があります。この道を約500m進むと分かれ道があり, 周囲に石灰岩が露出しています (**図17-2**)。この石灰岩には1cm弱の大きさのフズリナが密集しています。そのほとんどは, ペルム紀中期に生息していたコラニア (*Colania*) です。ルーペで内部の構造も観察してみましょう。

図17-2 蟹川の石灰岩

畦部の石炭紀フズリナ化石 (**B**)

(東経133°37′25″, 北緯34°58′08″)

地点Aから国道313号線に戻り, 畦部から県道50号線を北に進むと, 豊永へ行く途中にS字カーブがあります。このカーブに石灰岩が露出しています (**図17-3**)。この石灰岩は石炭紀のものです。よく見ると約1mmの丸い粒が密集しているところがありますが, これはウーイド (ooid) と呼ばれる粒子

17. 豊永 —石灰岩— 111

(95ページ参照) です (図17-4)。

ここの石灰岩を観察すると、フズリナが密集しているところがあります。このフズリナはフズリネラ (*Fusulinella*) で、石炭紀のものです。石炭紀のフズリナが野外で観察できるところはごく限られています。じっくり観察しておきましょう。

岡山県でよく観察できる石炭紀のフズリナとしては、エオスタフェラ (*Eostaffella*)、ミレレラ (*Millerella*)、シュードスタフェラ (*Pseudostaffella*)、プロフズリネラ (*Profusulinella*) などがあります。しかし、これらはきわめて小さく、肉眼 (ルーペ) で見つけるのも容易ではありません。そのほか、ケーテテス (*Chaetetes*) という化石も観察できます (図17-5)。

ケーテテスは以前は床板サンゴに分類されていましたが、現在では海綿の一種とされています。大きさは数cm程度で、不規則な形をしていて、内部には小さい粒状のものが見られます。大きなものでは数十cmに達するものもあります。ケーテテスは石炭紀中期に特徴的に産出し、示準化石としても利用できます。その他の化石も見つかるかもしれません。じっくりと観察してみましょう。

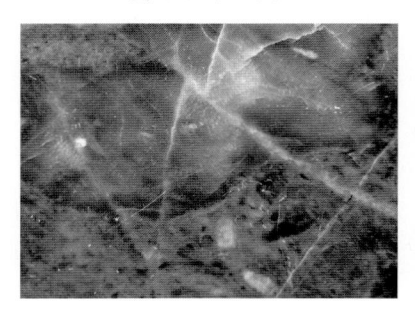

図17-3 砦部の石灰岩

図17-4 ウーイド

図17-5 ケーテテス

森国のカルスト地形（C） （東経133°36′26″，北緯34°58′25″）

地点Bから坂道を豊永まで上ります。途中に石灰岩が露出していますが，この辺りの石灰岩から化石が見つかるのはまれです。豊永まで上ると平らな台地状になっています。家や畑があるためわかりにくいですが，よく見るとドリーネなどのカルスト地形も観察できます（**図17-6**）。この辺りの石灰岩はペルム紀のもので，ところどころでトリティシテス（*Triticites*）などペルム紀初期のフズリナが観察できます。

図17-6 森国のドリーネ

阿哲石灰岩は石炭紀からペルム紀の地層ですが，産出するフズリナの分布から石炭紀の地層とペルム紀の地層の間に不整合が存在することがわかっています。しかし，石灰岩中の不整合ははっきりした不整合面が確認しにくいものです。森国付近で見られるのは，黒っぽい石灰岩の中に数cm程度の大きさの不規則な形をした灰白色の部分が含まれているものです。このような石灰岩は山口県秋吉台で「黒褐色 sparry calcite 帯」と呼ばれているものと同じで，石炭紀とペルム紀の境界に見られ，不整合を示すよい指標となっています。このような石灰岩は，日咩坂鍾乳穴神社そばの駐車場付近や湯川から中井に行く県道320号線沿いで観察できます。

小谷の石灰岩（D） （東経133°36′10″，北緯34°57′56″）

森国から満奇洞へ向かいます。森国を過ぎた所に玄武岩質凝灰岩が観察できます。これは阿哲石灰岩の最下部層になります。部分的に石灰質の所があり，ウミユリやサンゴを含みます。そのまま進むとすぐに石灰岩に変わります。ここからしばらく小谷を通っていると，岩本まで石灰岩が点々と続きます。

小谷付近の石灰岩をよく見てみましょう。そのほとんどがウミユリの破片でできています。いくらかコケ虫やフズリナを含みますが，肉眼では見つけにくいでしょう。チャートをはさんでいることがあります（**図17-7**）。このチャー

トと石灰岩は一連のもので、石灰岩がまだ固結する前に海底地すべりによって、チャートが形成されるような深さまで運ばれたものです。その証拠に、石灰岩中に級化層理が認められることがあります。チャートは石灰岩の下部層ほど多く含まれています。

図 17-7 チャートをはさむ石灰岩

満奇洞と石灰岩（E）　（東経 133°35′03″、北緯 34°58′09″）

県道 50 号線から満奇洞へ向かいます。槙の県道 320 号線との合流点の手前に石灰岩が 100 m 以上にわたって露出しています。この石灰岩をよく見ると礫岩であることがわかります。石灰岩礫岩と呼ばれるものです（**図 17-8**）。ただし、成羽町羽山などで観察される白亜紀の石灰岩礫岩とは異なり、この石灰岩礫岩は石灰岩のみからできています。礫は数 cm から 20 cm ぐらいで、淘汰は悪く、角礫が多いです。この石灰岩礫岩はペルム紀中期のもので、礫として含まれる石灰岩には

図 17-8 石灰岩礫岩

石炭紀やペルム紀初期のものなど、堆積時より古い石灰岩を多く含みます。礫と礫の間にはコラニア（*Colania*）やネオシュワゲリナ（*Neoshwagerina*）などのフズリナを含みますが、破片状になっています（**図 17-9**）。

満奇洞は 1929（昭和 4）年に当地を訪れた与謝野鉄幹（1873-1935 年）・晶子（1878-1942 年）夫妻が槙という地名にちなんで名付けたものといわれています。長さは 450 m で、洞内には多数の鍾乳石が見られ、大きなプールがあるのが特徴です。

満奇洞から県道 320 号線を南へ約 500 m 進みます。道沿いの川岸を見てみ

114　Ⅱ．岡山県の地学めぐり

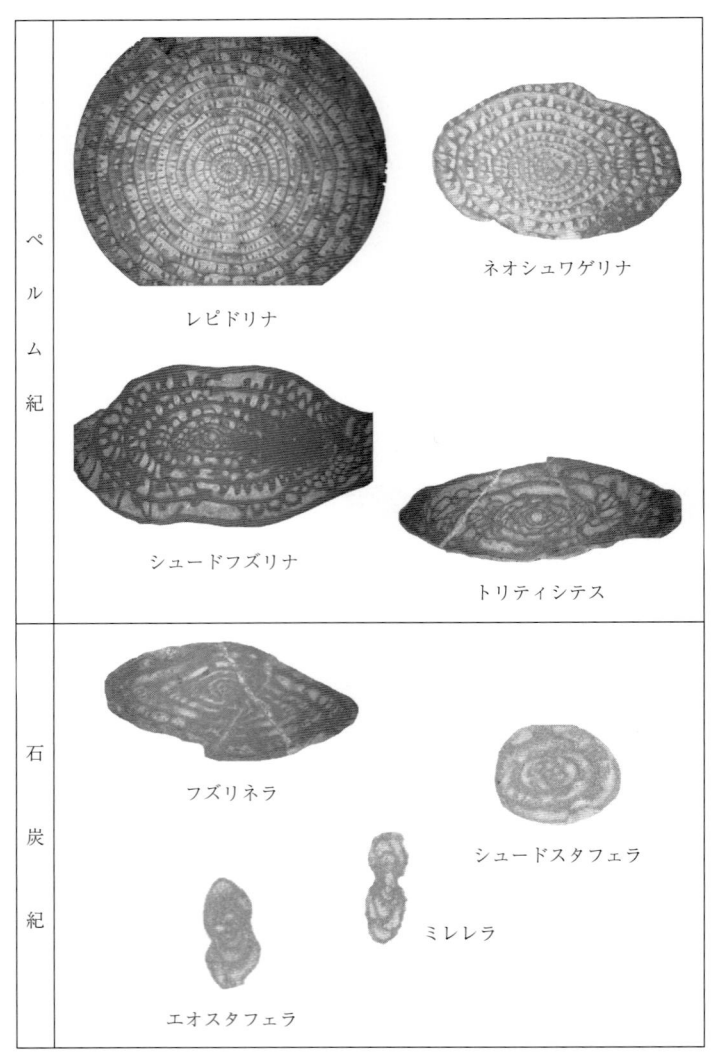

|ペルム紀| レピドリナ／ネオシュワゲリナ／シュードフズリナ／トリティシテス |
|石炭紀| フズリネラ／シュードスタフェラ／ミレレラ／エオスタフェラ |

図 17-9 岡山県で見られるおもなフズリナ

ましょう。向かい側の崖に泥岩と石灰岩が互層している地層が見えます。この石灰岩にはフズリナが密集しています。

泥岩中の石灰岩レンズ (F) (東経133°34′34″, 北緯34°57′24″)

満奇洞から川沿いに岩本へ向かいます。豊永郵便局前の道を右折し、湯川方面へ向かいます。約1km進むと正山(しょうやま)への分かれ道があります。この辺りには泥岩が分布し、レンズ状に石灰岩をはさみます。この石灰岩は礫岩状で、石灰岩の礫のほかに泥岩などの礫も含みます。破片状のレピドリナ (Lepidolina) などのフズリナも多く含むので観察してみましょう。

(西谷知久)

参 考 文 献

1) Naka, T. (1995): Stratigraphy and geologic development of the Carboniferous to Permian strata in the Atetsu region, Akiyoshi Terrane, Southwest Japan, *Jour. Sci. Hiroshima Univ., Ser. C*, **10**, pp.199-266
2) Sada, K. (1964): Carboniferous and Lower Permian fusulines of the Atetsu limestone in west Japan, *Jour. Sci. Hiroshima Univ., ser. C*, **4**, pp.225-269
3) Machiyama, H. (1994): Discovery of Microcodium Texture from the Akiyoshi Limestone in the Akiyoshi Terrane, Southwest Jappan, *Trans. Proc. Palaeont. Soc. Japan, N. S.*, **175**, pp.578-586

フズリナ (fusulina)

石炭紀からペルム紀にかけて生息していた大型有孔虫です。種の生存期間が短く、形の変化も多様なため、生物の進化を考える上で重要な化石です。大きさは1mm〜1cm程度で、紡錘虫(ぼうすいちゅう)ともいいます。形は紡錘形のものが多く、球形のものも見られます。ただし、形は石灰岩の断面により異なって見えるため、いろいろな断面から全体像を推定することが大切です。

フズリナの種類を調べる場合は、地学の調べ方(コロナ社)、学生版日本古生物図鑑(北隆館)が役に立ちます。Webページでは炭酸塩アトラス (http://www.scs.kyushu-u.ac.jp/earth/kano/Carb/index_atlas.html) にフズリナなどの化石の顕微鏡写真が多数掲載されています。

18. 草間 —石灰岩とカルスト地形—

　南北方向に流れる佐伏川を境に，東の豊永台と区別された草間台があります。地質的には，東側の豊永台で観察できる石灰岩層の続きが見られます（**図18-1**）。豊永台での石灰岩はあまり変成していませんでしたが，この地域では

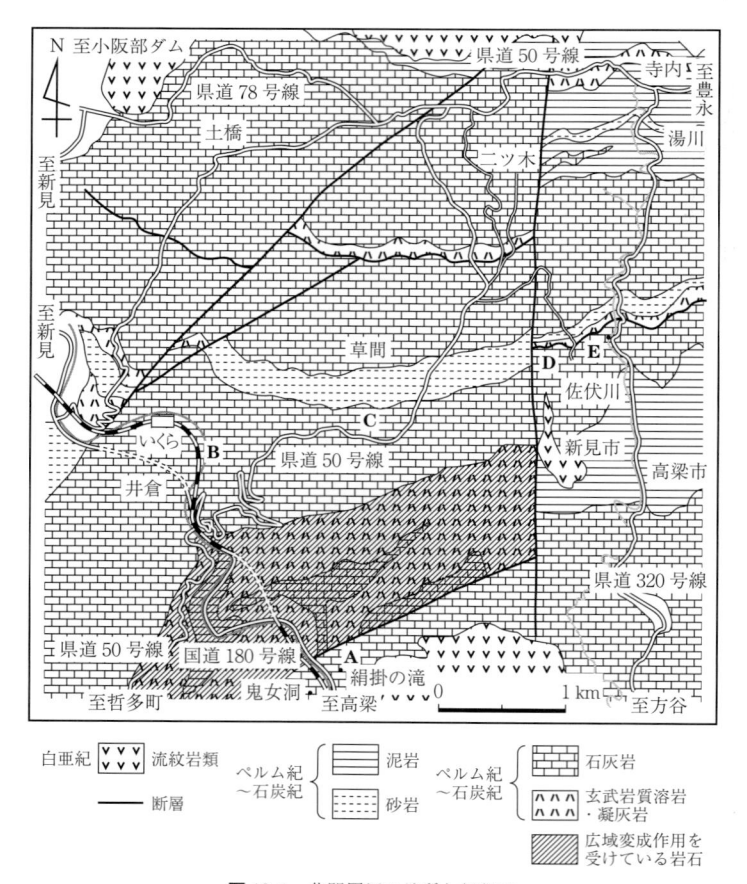

図 18-1　草間周辺の地質と行程図

18. 草間 —石灰岩とカルスト地形— 117

井倉を中心に変成した石灰岩が分布しています。豊永と同じく石灰岩が広く分布しているため，カルスト地形も発達しています。

〔**みどころ**〕
① 絹掛の滝を見学しましょう。
② 井倉洞を見学しましょう。
③ 草間のカルスト地形を観察しましょう。
④ 羅生門を見学しましょう。
⑤ 草間の間歇冷泉を見学しましょう。

〔**地図**〕 2万5千分の1地形図「井倉」「川面市場」

絹掛の滝（A）（東経133°32′09″，北緯34°54′29″）

高梁から国道180号線を新見に向かって進みます。井倉駅の南3kmの所に絹掛の滝があります（**図18-2**）。高さは約50m，水の流れが白い絹を垂らしたように見えることからこの名が付けられています。滝の下には滝つぼがあり，崖には鍾乳石も見えます。下からは見えませんが，この滝は3段の滝からできています。高梁川とその支流との侵食の差により滝となったものです。

絹掛の滝から高梁川をはさんだ向かい側の崖に洞口が見えます。これは鬼女洞という鍾乳洞です。今ではほとんど人は訪れなくなっています。

図18-2 絹掛の滝

井倉洞（B）（東経133°31′30″，北緯34°55′39″）

絹掛の滝から国道180号線を案内板に従って北へ進むと，約3kmで井倉洞に着きます。無料駐車場があり，川沿いに土産物店などが並んでいます。対岸には石灰岩の絶壁がそそり立ち，高梁川に流れ落ちる滝もある壮大な風景が間近に見えます。1929（昭和4）年に訪れた与謝野晶子が「切ぎしは ひところ

118　II．岡山県の地学めぐり

すぐに 天そそり もみじも身をば うすくしてよる」と詠んでいます。

高梁川に架かる橋を渡った所が井倉洞の入口で，全長は1200 m，洞内の高低差は90 mあります（**図18-3**）。ただし，途中から人工のトンネルになります。洞内の気温は15～16℃と年間を通してほぼ一定です。30～40分あれば見学できるでしょう。洞内には落差50 mに達する滝や多種多様な鍾乳石があり，見る者を飽きさせません（**図18-4**）。

図18-3　井倉洞入口と滝

井倉洞周辺には，高梁川沿いに発達する河岸段丘（かがんだんきゅう）とともに鍾乳洞も数多く

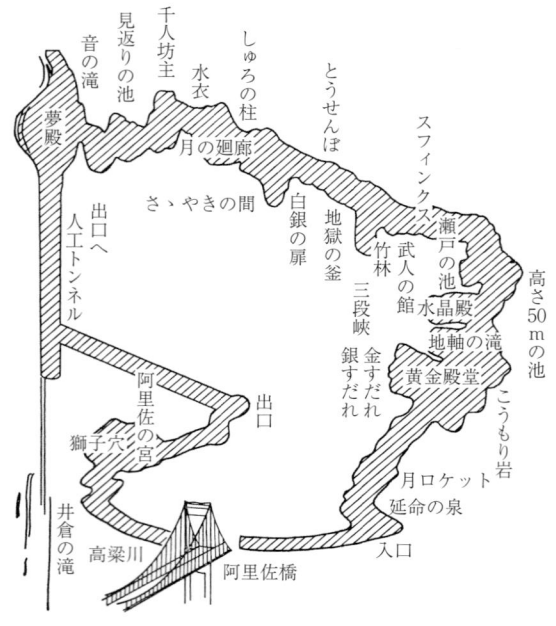

図18-4　井倉洞の洞内案内図（初版より）

存在しています（**図 18-5**）。この河岸段丘と鍾乳洞の形成の間には密接な関係があります。井倉洞付近の河岸段丘と鍾乳洞の標高を比べてみると，その高さがほぼ一致します。河岸段丘ができる理由として，土地の隆起が考えられますが，それ以外に気候の変動による影響も大きいとされています。

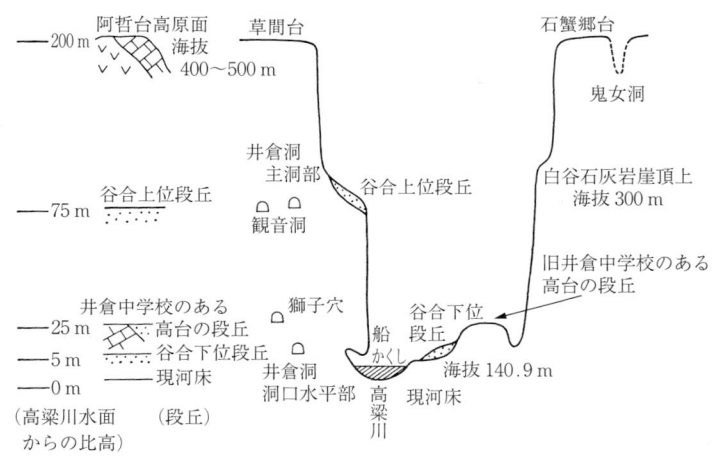

図 18-5 井倉付近の鍾乳洞と河岸段丘概念図（初版より）

例えば，氷河期には降水量も少なく，河床を下に削る作用も小さくなります。逆に暖かい間氷期には降水量も多く，洪水が起こり河床を下に削る作用も大きくなります。井倉洞周辺の河岸段丘の形成にも気候変動が関わっているかどうかはわかりませんが，河床を下に削る作用が小さい時期と大きい時期を繰り返してできたことは確かでしょう。下に削る作用が小さい時期には横に削る作用が大きくなり，現在見られる船かくしや鍾乳洞が形成されたと考えられます（**図 18-6**）。**表 18-1** に草間周辺のおもな鍾乳洞を示します。

石灰岩といえば化石を見つけられると思われがちですが，井倉洞周辺の石灰岩は変成作用を受けていて，化石を

図 18-6 井倉の船かくし

120　Ⅱ．岡山県の地学めぐり

表 18-1　草間周辺のおもな鍾乳洞（初版より）

鍾乳洞名	場所	分類	滴石				流れ石		畦石	カーテン	ヘリクタイト	ヘリグマイト	洞穴真珠	洞穴サンゴ
			つらら石	石筍	石柱	鍾乳管	壁面にあるもの	洞床にあるもの						
井倉洞	草間台	吐出穴	●	◎	◎	◎	●	◎	◎	●	○			
井倉上の穴	草間台	吸込穴	◎	○	○	○	◎	●	○	○				
こうもり穴	草間台	吐出穴	◎	○	○	○	◎			◎		◎	●	◎
鬼女洞	石蟹郷台	吐出穴	○		○					◎				
羅生門第1洞	草間台	吸込穴	○		○		○	○	●					
馬繋の穴	草間台	吸込穴							◎					
土橋の穴	草間台	トンネル穴	○				◎			○				
二ツ木の穴	草間台	吐出穴	◎		○		◎			◎				
三ツ木の穴	豊永台	吸込穴	◎		○		●	●						○
満奇洞	豊永台	流水のない穴	●	●	●	◎				◎	◎	◎		●
日咩坂鍾乳穴	豊永台	吸込穴	○		○		◎		○	○				
宇山洞	豊永台	吸込穴	◎	●	○	○	●	◎	○	○				◎

（○：まれに，◎：ふつうに，●：顕著に見られる）

見つけられることはまずありません。化石を探す場合は草間台まで上りましょう。

旧草間中学校のドリーネ（C）　（東経 133°32′28″，北緯 34°55′54″）

井倉洞から県道 50 号線を草間に向かって進みます。つづら折りの道を上っていくと平坦な地形になります。ここが草間台です。この辺り一帯は石灰岩でできていて，典型的なカルスト地形が観察できます。家屋や畑のためわかりにくい所がありますが，ドリーネやカレンフェルト，カレンなどのカルスト地形が観察で

図 18-7　旧草間中学校のドリーネ

18. 草間 —石灰岩とカルスト地形— 121

きます。草間台小学校そばの道を西に約300 m向かうと旧草間中学校に着きます。現在は使用されていませんが、ここの運動場はドリーネの中にある珍しいものです（**図 18-7**）。

羅生門（D） （東経133°33′36″，北緯34°56′19″）

旧草間中学校から東に約3 km進むと羅生門に着きます（**図 18-8**）。途中、県道50号線から細い道に入りますが、案内板があるので迷うことはないでしょう。

駐車場から2～3分歩くとドリーネがあります。ドリーネを下りていくと、石灰岩でできた巨大な天然橋が見えてきます。この天然橋が羅生門で、1930（昭和5）年に国の天然記念物に指定されました。

第1門から第4門までの四つの天然橋からなり、最も奥に鍾乳洞があります。この天然橋は、かつて洞窟だったものが上部の一部が崩壊して門になったものです。第1門の高さは38 m、幅17 mあります。現在は第4門の手前に展望台があり、その奥の鍾乳洞には入れないようになっています（**図 18-9**）。

羅生門の周囲では、チョウジガマズミやヤマトレンギョウなどの石灰岩地帯特有の植物やイギイチョウゴケやセイナンヒラゴケなど珍しい植物も多数見つかっています。これらの植物を守るためにも、遊歩道からは出ないようにしましょう。

図 18-8 羅生門

図 18-9 羅生門案内図（初版より）

草間の間歇冷泉とフズリナ化石（E）

（東経133°33′58″，北緯34°56′21″）

羅生門から県道50号線に戻り，寺内方面に進みます。寺内から佐伏川沿いに県道320号線を進みます。寺内から南へ約3km進むと，「間欠冷泉潮滝」の標識があります。道沿いには駐車スペースもあります。ここから佐伏川まで下りていきます。

河床まで下りると，向こう岸に間歇冷泉の説明板があります（**図18-10**）。

図18-10 草間の間歇冷泉

かつては河床から8mの高さに噴出口がありましたが，1972（昭和47）年の豪雨による山崩れのため，現在の噴出口は河床から約3mの所に移り，その直径は約50cmです。1日に4回，50分間ほど水が流れ出ます。地下の石灰洞に地下水がたまり，一定量を超えたときにサイフォンの原理で噴き出すと考えられています。季節により噴出間隔や時間は異なります。地元の人は潮の干満と関係があると考え，「潮滝」と呼んできました。

県道320号線沿いの草間の間歇冷泉の標識そばにある駐車区域の所に，石灰岩が露出しています。この石灰岩をよく見るとフズリナが多く含まれています。含まれるフズリナはペルム紀のトリティシテス（*Triticites*）が多いようです。

ここから下流にも石灰岩が分布しています。さらに進むと，石灰岩から玄武岩質凝灰岩・溶岩に変わります。この玄武岩質凝灰岩は阿哲石灰岩の最下部のものです。境界付近の石灰岩や玄武岩質凝灰岩を見てみましょう。石灰岩からサンゴ化石が見つかることがあります。　　　　　　（西谷知久・柴田　晃・沼野忠之）

19. 野馳〜荒戸山 —玄武岩と中新世—

　この地域には白亜紀の流紋岩類が広くおおい，荒戸山東部に白亜紀の花崗岩が貫入しています（**図 19-1**）。野馳から広島県東部にかけて，芸備線沿いの低地に備北層群と呼ばれる新第三紀中新世の地層が広がっています。これらの地層からはサンゴやカキ，二枚貝など多数の化石が発見されています。

　野馳駅から見る荒戸山は鍋を伏せたような形をしていて，地元の人は昔から「鍋山」と呼んで親しんできました。荒戸山は玄武岩でできていて，同じように玄武岩でできている山が明神山など，この周辺には数多くあります。年代

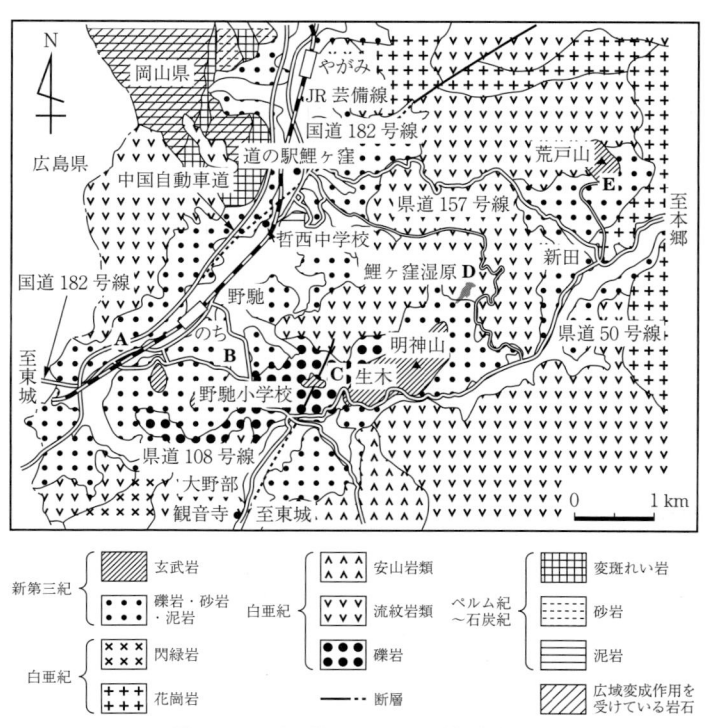

図 19-1　野馳〜荒戸山周辺の地質と行程図

測定によるとこれらの玄武岩は 700 〜 900 万年前の中新世後期のもので，備北層群を貫いて噴出したものです。

〔みどころ〕
① 野馳周辺の新第三紀層を観察しましょう。
② 生木(はえぎ)の硯石層を観察しましょう。
③ 鯉ヶ窪(こいがくぼ)湿原を見学しましょう。
④ 荒戸山の玄武岩を観察しましょう。

〔地図〕 2万5千分の1地形図「備中矢田」「東城」

野馳駅付近の新第三紀層（A）

（東経 133° 18′ 32″，北緯 34° 54′ 40″）

野馳駅から国道 182 号線を東城方面に約 1 km 進んだ跨線橋(こせんきょう)の辺りに備北層群の砂岩泥岩層が露出しています。ここの砂岩泥岩層のノジュールを探してみましょう。カキやサンゴなどが見つかっています。ここは国道沿いにあるので，交通に注意して観察しましょう。国道 182 号線沿いには点々と備北層群の地層が露出しています。広島県側にも広く分布しているので，注意して探してみましょう。

野馳小学校付近の新第三紀層（B）

（東経 133° 19′ 22″，北緯 34° 54′ 35″）

野馳駅から野馳小学校へ向かい，小学校前を右折します。約 500 m 進むと砂岩泥岩層が約 20 m にわたって露出しています。この露頭は以前はネットでおおわれていたようですが，現在はネットが取り外されて砂岩泥岩層が露出しています。よく見るとカキの密集した層がはさまれています（**図 19-2**）。

野馳小学校から県道 108 号線を進み，大野部(おおのべ)へ行きましょう。観音寺近くの沢ではサンゴの化石が見つかっています。ここのサンゴは骨格

図 19-2 カキを含むノジュール

19. 野馳〜荒戸山 ―玄武岩と中新世― 125

の部分だけですが，まるで木の枝のように見えます。六射サンゴ類のデンドフィリアというサンゴです。大野部付近の川は河床・側壁ともに大部分がコンクリートでおおわれ，河床の露頭も見えなくなっています。しかし，この辺りにはまだ備北層群の露頭が点々とあるので注意深く探してみましょう。

生木の硯石層（C）　（東経133°20′16″，北緯34°54′25″）

野馳小学校から県道50号線を新田方面へ進みます。大野部への分かれ道付近から赤茶色をした泥岩や礫岩層が観察できます（**図19-3**）。この泥岩や礫岩は白亜紀の硯石層に属するもので，高梁市成羽町で観察できる羽山層と同じものです。

生木の手前には石灰岩礫を含む礫岩が観察できるでしょう。硯石層はこの辺りから大野部を通り広島県にかけて広く分布しています。広島県に近くなると，石灰岩礫を多く含む礫岩が増えてきます。生木の周辺の礫岩にはどのような礫が多いか調べてみましょう。

図19-3　生木の硯石層礫岩

鯉ヶ窪湿原（D）　（東経133°21′23″，北緯34°55′15″）

生木から県道50号線を約3km進み，細い道を鯉ヶ窪湿原に向かいます。鯉ヶ窪池の周りには遊歩道が整備され，散策できるようになっています。この池は約300年前に灌漑用に作られ，池の周りに湿原が広がっていて，300種以上の植物が自生しています。オグラセンノウ，ビッチュウフウロ，ミコシギクなど貴重な植物が自生しているため，「鯉ヶ窪湿生植物群落」として1980（昭和55）年に国の天然記念物に指定されました。貴重な植物が多いので，遊歩道以外には入らないようにしましょう。一周するのに約1時間かかります。時間に余裕を持って見学しましょう。

荒戸山（E）　（東経133°22′24″，北緯34°55′59″）

県道50号線をさらに進むと，新田の県道157号線との分かれ道に着きます。

この場所には、荒戸山に向かう細い道があります。小さい標識もあるので注意して進みましょう。この細い道を約1km進むと荒戸神社に着きます。荒戸山は、新第三紀中新世後期に噴出した玄武岩でできています。神社の参道には樹齢が150年以上の杉並木や、ケヤキ、コナラ、クヌギなどの貴重な天然林があります。1966（昭和41）年に荒戸山は新見市の天然記念物に指定されました。岩石や草木の採集は禁止されていますので、観察するだけにしましょう（**図19-4**）。

図19-4 荒戸山

荒戸神社の拝殿(はいでん)西側から登山道があるので、頂上まで登ってみましょう。かなり勾配(こうばい)のきつい道ですが、途中に玄武岩の露頭がいくつもあり、五角形や六角形の断面をした柱状節理がいくつも見えます（**図19-5**）。地面から玄武岩が生えているようにも見えます。

図19-5 玄武岩の柱状節理

頂上付近にも木が生えていて周囲の景色は見えにくいですが、高さ15mの展望塔があり、上まで登ると瀬戸内海から大山(だいせん)まで見通すことができます。展望台の頂上がちょうど標高777mになっていて、素晴らしい眺望を楽しめます。荒戸山の周辺に同じように玄武岩でできた山があるのがよくわかるでしょう。

頂上からの帰りは東側の広い道を下りましょう。道に玄武岩の転石(てんせき)が見られ

ます。ハンマーでたたくわけにはいきませんが，よく見るとノジュールが含まれているものも観察できます。

荒戸山の玄武岩は，数 cm のいろいろな鉱物の集合体であるノジュールを多く含むものとして有名です。これらのノジュールは玄武岩のマグマが生成して地表に噴出する間に，地下深部のマントル辺りの構成物を取り込んで地表まで運び出したのではないかと考えられています。おもなものはつぎの 3 種類です。

（1） カンラン石を主とするもの

黄色〜黄緑色で大きさは数 cm で，丸みを帯びた卵形のものが多く見つかります。内部は 1〜2 mm のカンラン石の粒の集まりで，これに輝石が混じっています。よく見ると，あめ色の部分と緑がかったきれいな部分が，混じり合っているのがわかります。あめ色のものが苦土カンラン石で，緑色のものが輝石の仲間です。カンラン石の多いものをカンラン石ノジュールと呼んでいます。輝石の混じったものをレルゾライトと呼ぶこともあります。

（2） 輝石を主とするもの

色はほとんど黒で，数 mm の黒い粒の集まりです。このようなものを輝石ノジュールと呼んでいます。大きさはカンラン石ノジュールと同じくらいですが，形は不規則なものが多いようです。

（3） 輝石の巨晶

真っ黒な玄武岩の中からは，1〜3 cm の大きさでやや褐色を帯びた少し脂感のある光沢を伴い，周囲が白くふちどられたような大きな結晶が出てきます。これは玄武岩の斑晶ではなく，やはり取り込まれたものと考えられています。これは輝石の中でも斜方輝石と呼ばれるものです。また，一見しただけでは玄武岩と同じように黒くて気づきにくいのですが，割れ口に光を反射させると大きな平面で光る部分が見え，大きさは 2〜3 cm に達するものもあります。これは輝石の中でも単斜輝石と呼ばれるものです。

このほかにも白い沸石や石英なども見つかっているので，よく観察してみましょう。

（西谷知久・柴田　晃・沼野忠之）

20. 新見〜大佐 —中新世の化石—

　新見から大佐にかけて，JR姫新線沿いの低地に新第三紀中新世の地層が分布していて，貝化石を多産しています（図20-1）。

　大佐山周辺には勝山剪断帯に含まれる蛇紋岩が分布しています。その中からヒスイ輝石が見つかっています。大佐山の標高は998mで，頂上からは中国山地の山並みなど素晴らしい景色を見ることができます。周囲はオートキャン

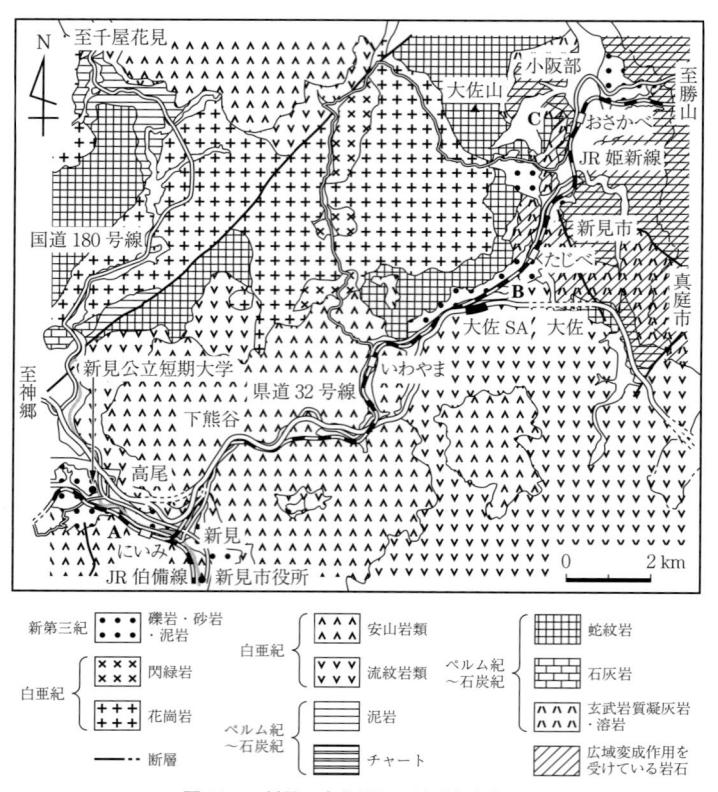

図 20-1 新見〜大佐周辺の地質と行程図

20. 新見〜大佐 —中新世の化石— 129

プ場やパラグライダー施設など自然を満喫する施設も整った観光地になっています。

大佐山の西側には，白亜紀から古第三紀にわたる花崗岩類が分布しています。中国自動車道大佐サービスエリア（SA）南部から新見にかけては，白亜紀の流紋岩類や安山岩類が分布しています。

〔**みどころ**〕
① 新見の新第三紀層を観察しましょう。
② 大佐の新第三紀層を観察しましょう。
③ 大佐山のヒスイ輝石を観察しましょう。

〔**地図**〕 2万5千分の1地形図「上刑部（かみおさかべ）」「刑部（おさかべ）」「新見」

新見駅前の甌穴（おうけつ）（A_1）（東経 133°27′23″，北緯 34°59′19″）

新見駅前にある橋に立ってみましょう（**図 20-2**）。現在では河川改修が進んでいますが，この橋の上下流には甌穴が見られます。新第三紀中新世の砂岩層中のところどころに直径数十 cm の穴が開いているのが観察できるでしょう。

新見周辺に分布している新第三紀中新世の地層は備北層群と呼ばれ，下位から礫岩，砂岩，泥岩と上方に向かって細粒化が認められます。貝化石を中心に

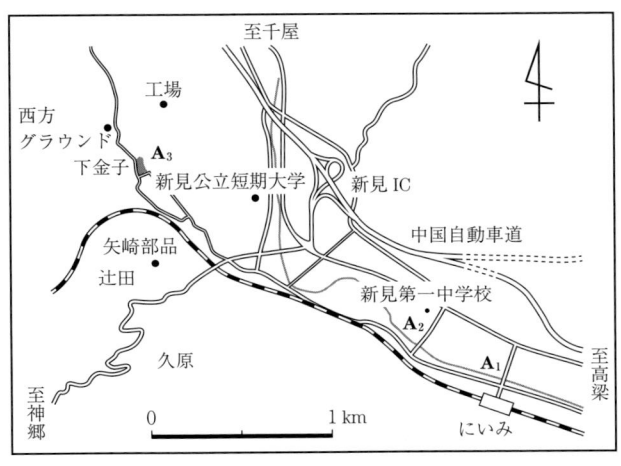

図 20-2 新見駅周辺行程図

多数の化石が見つかっていて、汽水域から浅海域に堆積したものと考えられています。

新見第一中学校付近の新第三紀層（A_2）
（東経133°27′06″，北緯34°59′24″）

新見第一中学校付近の高梁川を見てみましょう。この河床には砂岩層が露出しています。この砂岩層は，備北層群に属する新第三紀中新世の地層です（図20-3）。河床は滑りやすく，夏は草が生い茂りますし，ガラス破片が落ちていることもあるので，歩行には十分に注意しましょう。長靴を用意しておくと川の中にも入れるので便利です。周囲を見ると甌穴も観察できます。

図20-3 新見第一中学付近の砂岩層

砂岩層を観察すると，カキ（*Crassostrea*）の化石が見つかります。ノジュールを探すと，その中にしばしば化石が入っています。ノジュールは固いので，持ち帰ってからゆっくり化石を探すとよいでしょう。

ここからは，直径1 cm前後，深さ30 cm以上のサンドパイプが見つかっています。褐色をした粘土質や砂質のものが粗雑に詰まった，奇妙な形のサンドパイプです。そのほかにもどんなサンドパイプがあるか探してみましょう。

もう少し上流の河床でも観察してみましょう。かつて珪化木が見つかっています。直径50～60 cm，長さは3 mに達するものも見つかっています。ほとんどの珪化木を炭化度の低い亜炭が取り巻いており，内部は珪酸分が木材内部に浸透し，非常に固く緻密です。フナクイムシに食い荒らされて，白い管状になっている部分も観察できるでしょう。

下金子の新第三紀層（A_3）　（東経133°26′13″，北緯34°59′58″）

新見第一中学校から西方グラウンドを目指します。途中から道が細くなるので注意しましょう。西方グラウンドの手前に池があります。この池の横を曲がって工場方面へ行きます。少し坂になっていますが，上った所に砂岩泥岩層

20. 新見〜大佐 —中新世の化石— 131

が露出しています。これも備北層群の砂岩泥岩層です。カキが密集している部分のほか，ビカリアも見つかるでしょう。この周辺には砂岩泥岩層が分布しているので，貝化石が見つかるか調べてみましょう（**図 20-4**）。

辻田(つじた)周辺にはかつて小野田セメント新見工場があり，粘土が採掘

図 20-4　下金子の新第三紀層（カキの化石床）

されていました。ここからはウニ，カニ，サメの歯，二枚貝や巻貝を多数採集することができます。カメの化石も見つかっています。久原(くばら)では 90 cm を超えると考えられる巨大スッポンの大腿骨が見つかっています。この辺りの砂岩泥岩層を根気強く探せば，よい化石が見つかるでしょう。

大佐周辺の新第三紀層（B）　（東経 133°32′38″，北緯 35°02′12″）

新見から県道 32 号線を大佐へ向かいます。県道 32 号線沿いには，備北層群に属する地層が広く分布しています。

大佐サービスエリアのスマートインターチェンジ入口付近や中国自動車道大佐トンネル付近にも砂岩泥岩層が露出していて，カキやビカリアが見つかります。この周辺の河床からも，ビカリア（*Vicarya*），ビカリエラ（*Vicaryella*）など巻貝の化石が見つかっています。この辺りの地層はあまり固結していないので，化石を見つけた場合は化石を壊さないように注意しながら採集しましょう。

丹治部(たじべ)駅周辺にも備北層群の地層が分布していて，かつてカレイなど魚の化石も見つかっています。この辺りを詳しく調べると，いろいろな化石が見つかっておもしろいでしょう（**図 20-5**）。

図 20-5　丹治部駅付近の新第三紀層

132　Ⅱ．岡山県の地学めぐり

扇平鉱山（C_1）（東経 133°32′49″，北緯 35°05′31″）

　刑部駅から大佐山山頂を目指しましょう（図20-6）。大佐オートキャンプ場へ行く道との分かれ道から約2km進むと大佐山入口の門があります。この約100m先の右側に林道があります。その分かれ道の所に露頭があります。これが扇平鉱山のズリです（図20-7）。かつては閃亜鉛鉱，硫砒鉄鉱を中心に，レグランド石，ケティヒ石，アダム石など珍しい鉱物も産出しました。坑道には絶対に入らないようにして，周囲のズリにどんな鉱物があるか探してみましょう。

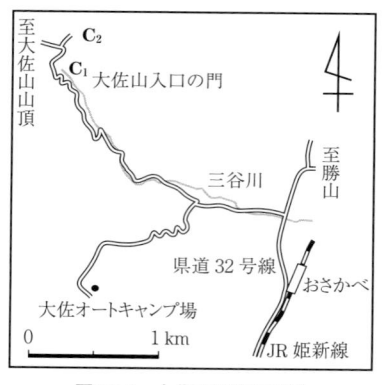

図20-6　大佐山周辺行程図　　　　　　　図20-7　扇平鉱山

大佐のヒスイ輝石（C_2）（東経 133°33′01″，北緯 35°05′42″）

図20-8　ヒスイ輝石の展示

　扇平鉱山から約200m先に，舗装されていない山道があります。この山道を登ってみましょう。途中に蛇紋岩の露頭が点々とあります。ジルコンが採集できる露頭もあります。この周辺にはアテツマンサクが自生し，アテツマンサクの森として保護されています。約600m行くと三角屋根の小屋が見えてきます。

20. 新見～大佐 ―中新世の化石― 133

この中にヒスイ輝石の標本が展示されています（**図 20-8**）。蛇紋岩中にレンズ状に白っぽいロジン岩がはさまれ、ヒスイ輝石や灰礬ザクロ石（グロッシュラー）などさまざまな鉱物が見つかります。岡山県ではあまり観察できないものですから、観察だけにとどめて大切に保存しましょう。

(西谷知久・柴田　晃・沼野忠之)

参考文献

1) 田口栄次・小野直子・岡本和夫（1979）：岡山県新見市および大佐町における中新世備北層群の貝化石群集，瑞浪市化石博物館研究報告，**6**，pp.1-15
2) 平山　廉・柴田　晃・赤木三郎・亀井節夫（1983）：岡山県新見市の中新統備北層群産カメ化石，地質学雑誌，**89**，pp.239-241
3) 平山　廉・田口栄次（1994）：岡山県新見市の中新統備北層群より発見の巨大スッポン化石とその古環境学的意義，地質学雑誌，**100**，pp.316-318

塩滝の礫岩と醍醐桜

　刑部駅から県道 32 号線を勝山方面へ進み、真庭市月田から県道 84 号線を南に進みます。約 3 km 進むと、塩滝公園に着きます（**図 20-9**）。この公園内に岡山県指定の天然記念物「塩滝の礫岩」があります。この礫岩は含まれる礫がほとんど蛇紋岩という珍しい礫岩です。近くに広く分布している蛇紋岩体から供給されたものと考えられます。

　近くには、後醍醐天皇が隠岐配流のときに立ち寄ったとされる岡山県指定の天然記念物「醍醐桜」があり、春には大勢の観光客で賑わいます（**図 20-10**）。

図 20-9　塩滝の礫岩　　　　　図 20-10　醍醐桜

21. 勝山 —断層岩—

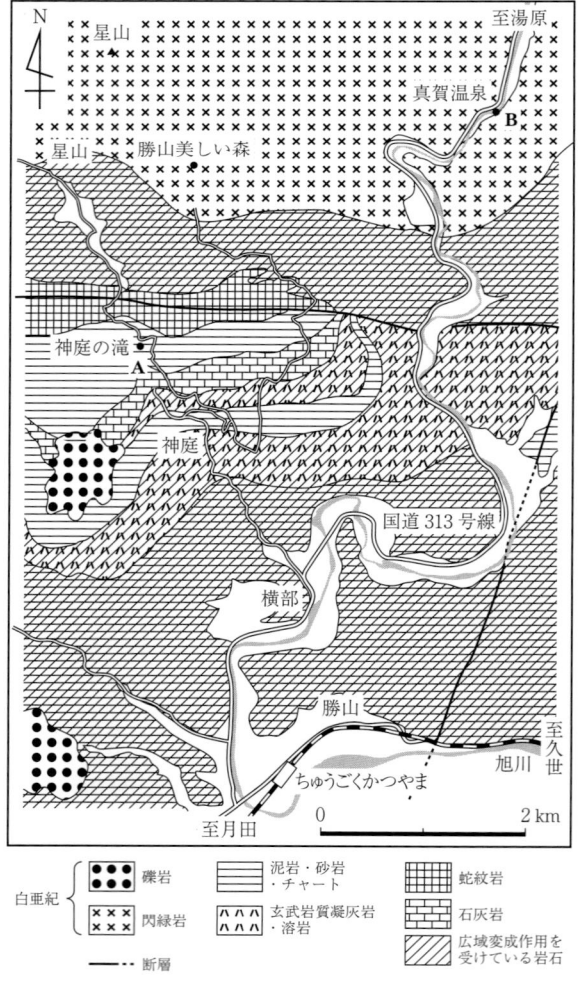

図 21-1 神庭の滝周辺の地質と行程図

凡例:
- 白亜紀
  - 礫岩
  - 閃緑岩
- 泥岩・砂岩・チャート
- 玄武岩質凝灰岩・溶岩
- 蛇紋岩
- 石灰岩
- 広域変成作用を受けている岩石
- 断層

21. 勝山 —断層岩—

　神庭の滝は国指定の名勝で，日本百景，日本の滝百景にも選ばれている名瀑です。この滝の周辺には石灰岩や塩基性凝灰岩，泥岩，砂岩などさまざまな岩石が分布しています（**図 21-1**）。これらの岩石は海底地すべりにより取り込まれたオリストストローム（40 ページ参照）と考えられたこともありましたが，断層運動によって形成される断層岩の認識が広まってきたことから，この周辺の混在した産状の岩石は断層岩であることがわかってきました（16 ページ参照）。すなわち断層運動によって，変成作用が生じていない地下で形成されたもので，多様な岩石がブロック状に分布するようになったものです。

〔みどころ〕
① 神庭の滝周辺の岩石を観察しましょう。
② 神庭の滝を見学しましょう。
③ 真賀温泉近くの閃緑岩を観察しましょう。

〔**地図**〕　2万5千分の1地形図「横部」

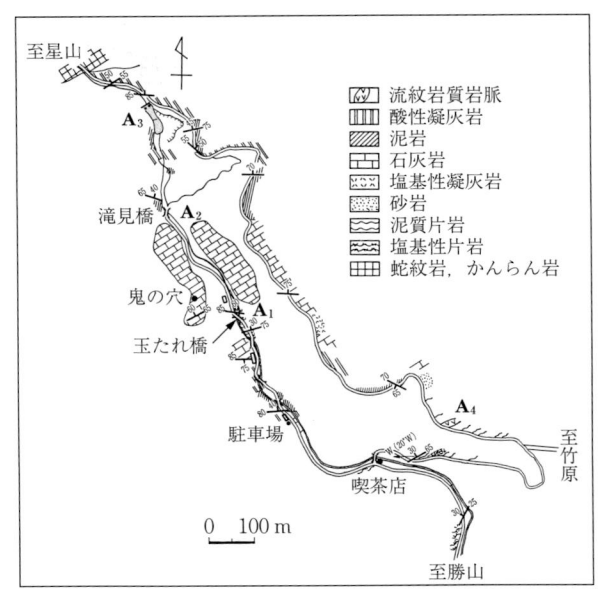

図 21-2　神庭の滝付近のルートマップ（初版を一部改変）

玉垂の滝とノッチ（A_1）（東経133°40′53″，北緯35°06′50″）

神庭の滝駐車場から歩いて神庭の滝を目指します（**図21-2**）。駐車場から約200m進むと玉たれ橋があり，そのそばには石灰岩から水のしたたり落ちている滝があります。水滴が水晶の玉を連ねたように落ちる姿から「玉垂の滝」と名付けられました（**図21-3**）。塩基性凝灰岩の上に石灰岩が押しかぶさったようにのっていますが，上にのっている石灰岩は大きな転石であることがわかっています。この滝のそばの石灰岩を見ると，高さ2mほどの所がくぼんでいる様子がわかります。これはノッチと呼ばれ，川の侵食により形成されたものです（**図21-4**）。

図21-3 玉垂の滝   図21-4 玉垂の滝そばのノッチ

滝見橋手前の石灰岩（A_2）（東経133°40′46″，北緯35°06′59″）

玉垂の滝から約100m先に神庭の滝の料金所があります。料金所を過ぎた所に鍾乳洞「鬼の穴」へ行く道があります。約260m登ると鬼の穴に着きます。全長約75mの小さな鍾乳洞で，目立った鍾乳石はありません。この鍾乳洞は西約3km先にある神代の鬼の穴に続いているという伝説があります。

料金所から150mで滝見橋に着きます（**図21-5**）。滝見橋の手前の遊歩道には石灰岩の転石があります。特に川側にある約2mの大きさの石灰岩を見てみましょう。約5mmの丸い粒が密集している所があります。この丸い粒はフズリナです。この辺りではハ

図21-5 滝見橋と神庭の滝

ンマーでたたくことはできないので，観察だけにしておきましょう。これらのフズリナはシュードフズリナ（*Pseudofusulina*）などペルム紀のものです。この辺りの石灰岩を見ると，このようなフズリナが密集しているものや，礫岩状の組織を示しているものが観察できます。なお，この辺りには猿が姿を見せることが多いので，持ち物の管理には注意しましょう。

神庭の滝（A_3）（東経133°40′44″，北緯35°07′07″）

遊歩道の突き当たりで神庭の滝を見てみましょう（図21-6）。落石のおそれがあり，立ち入り禁止の場所もあるので，定められた区域以外のところには入らないようにしましょう。神庭の滝は高さ110 m，幅20 mに及ぶ壮大なものです。その上部は酸性凝灰岩，下部は比較的柔らかい古生代の泥岩でできています。その固さの違いにより侵食に差が生じて，滝となったものと考えられます。

図21-6 神庭の滝

星山(ほしやま)林道（A_4）（東経133°41′17″，北緯35°06′43″）

駐車場から勝山方面へ約200 m戻り，喫茶店の手前を星山方面へ向かいます。途中に竹原との分かれ道がありますが，林道の狭い道を進みます。

最初に泥質片岩が露出していますが，変成度は低いものです。間にはさまれて流紋岩質岩脈も観察できます。その後は砂岩泥岩，酸性凝灰岩が現れてきます。この辺りでは神庭の滝を水平に見ることができます。塩基性凝灰岩が露出していますが，その中には石灰岩がレンズ状に含まれています。サンゴが含まれる場合もあるので，探してみましょう。この塩基性凝灰岩は新見市豊永付近で観察できる石灰岩層の最下部の塩基性凝灰岩に似ています。

続いて石灰岩が現れます。石灰岩中にはペルム紀のフズリナが含まれています。石灰岩の色に溶け込んでいるのでわかりにくいですが，注意深く探してみましょう。そのまま進むと神庭の滝の上部に出てきます。すぐ下に神庭の滝がありますが，危険ですので河床には下りないようにしましょう。

谷が開ける所に蛇紋岩が露出しています（**図21-7**）。蛇紋岩は蛇紋石を含み，緑色ないし黒色の脂感のある岩石で，かんらん岩などの超塩基性岩が水と反応して，蛇紋岩化作用を受けて形成されたものと考えられます。時間があれば星山まで登ってみましょう。星山は花崗閃緑岩でできています。

図21-7 蛇紋岩

真賀温泉の閃緑岩（B）　（東経133°42′59″，北緯35°08′14″）

真庭市横部から国道313号線を北に約4km進むと真賀温泉に着きます。温泉の対岸にある崖を見てみましょう（**図21-8**）。

この岩石は中粒等粒状組織を示す閃緑岩で，やや黒っぽい色をしています。流域の河床にもかなり大きな岩塊が転がっており，色も花崗岩より地味で，加工のしやすさもあって，墓石としても利用されています。

白色の斜長石と暗緑色の角閃石を含み，まれに灰色半透明の石英が観察できます。岩石中に占める有色鉱物の量は20〜25％で，厳密には石英閃緑岩と呼ばれるものです。

図21-8 真賀温泉の閃緑岩

岡山県内の閃緑岩はあまり広くは分布していませんが，神庭の滝上流の星山から真賀温泉にかけて比較的広い範囲に分布しています。　　　　　　（西谷知久）

参考文献

1) 三宅啓司（1985）：岡山県勝山地域の二畳紀オリストストローム，地質学雑誌，**91**，pp.463-475

22. 蒜山 —珪藻土—

　岡山県の最北端に位置する蒜山は，上蒜山（1202 m），中蒜山（1123 m），下蒜山（1100 m）の蒜山三座と呼ばれる三つの山からなり，鳥取県との県境をなしています。蒜山原は，北を蒜山三座と皆ヶ山，擬宝珠山，南を高張山，天狗山，愛宕山，丸山，西を朝鍋鷲ヶ山，三平山などの山々に囲まれ，東西約14 km，南北約5 km の緩やかな起伏の山間盆地です（**図22-1**）。

　盆地内を西から東に流れる旭川は下長田で急に南に折れ，中国山地に深い渓谷を刻みながら流れていきます。盆地内では旭川沿いに幅1 km 内外の沖積平

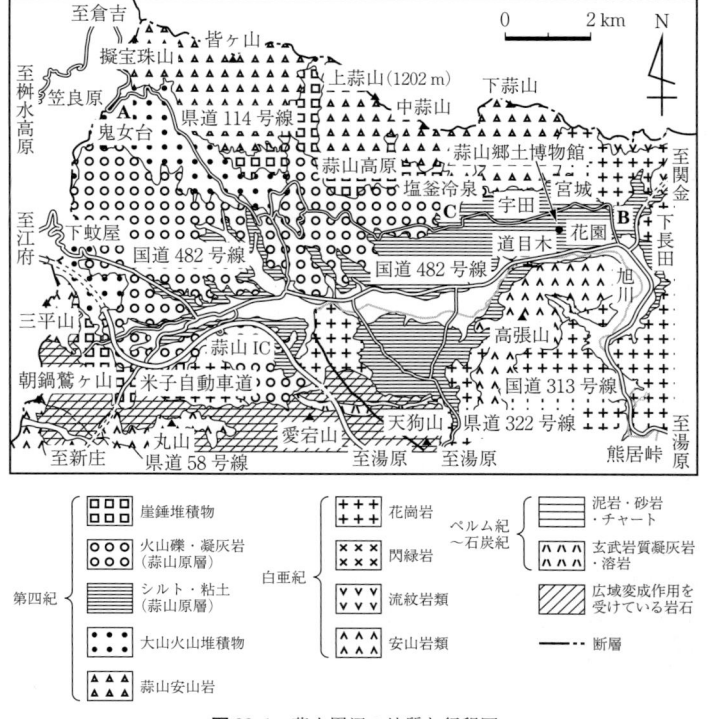

図 22-1 蒜山周辺の地質と行程図

野が広がり，これがさらに下刻作用のため削られ，河岸に数mの崖がつくられたり，基盤岩が現れたりしています。旭川をはさんで3〜4段の河岸段丘も見られます。

蒜山一帯は大山隠岐国立公園に属し，春の新緑，ワラビ狩り，夏の涼気やキャンプ，秋の紅葉，冬のスキーなど，一年中雄大な自然に親しむことができます。

〔みどころ〕
① 珪藻土層中の地質構造を観察しましょう。
② 大山による火山活動の様子を観察しましょう。
〔地図〕 2万5千分の1地形図「延助」「蒜山」

鬼女台（A） （東経133°35′14″，北緯35°19′25″）

蒜山インターチェンジを降りて国道482号線を東へ約1km進むと，大山へ通ずる旧蒜山大山スカイライン道路（県道114号線）へ出ます。これを約6km進むと岡山県と鳥取県の県境に位置する鬼女台へ到着します。ここからの景観は素晴らしく，西の大山や烏ヶ山などの雄大な姿をはじめ広大な蒜山高原をパノラマのように一望できます。なぜこのような山奥に大きく開けた高原ができたのでしょうか。それは，眼前の大山・蒜山の噴火活動の歴史と深く関わっています。しかしながら，噴煙を上げておらずカルデラも見当たらないこともあり，1万数千年前まで盛んに噴火を繰り返していた大規模な火山であったとは想像すらできません。では，その様子を見てみましょう。

まず東の方を眺めると，北側に蒜山三座（上蒜山，中蒜山，下蒜山）が連なり，すそ野に広がる緑豊かな蒜山高原の景色が目に入ります（**図22-2**）。第三紀の火山と考えられていたこともありましたが，K-Ar年代測定の結果から100万年前ごろに活動を始めた新しい火山であることがわかりました。最も東に位置する下蒜山の活動時期は古く90〜100万年前にさかの

図22-2 蒜山三座

ぼることができ、西側の上蒜山・中蒜山は 40 〜 50 万年前に活動を始めた比較的新しい火山です。いずれも安山岩質の溶岩を噴出しました。蒜山火山ができるまでは、この地域の水系は北傾斜で日本海へ向かっていました。しかし、これらの噴火活動によって水系の北側がふさがれてしまい、流れの向きが北から西へ変えられました。それに引き続く大山の大規模な噴火により西側も閉ざされ、ついには行き場のなくなった水がここにたまり、大きな湖が誕生したのです。この湖に珪藻プランクトンが大繁殖し、広い湖底一面に沈積したため、数キロメートルにも及ぶ平らな地層が形成されました。これが大きく開けた蒜山高原ができたあらましです。詳しくは「花園の珪藻土採掘場」（143 ページ）で説明します。

展望台から西の方を遠望すると、荒々しい山容の大山が遠くに、とがった烏ヶ山が手前に、眼下には笠良原の台地がほぼ水平に続く様子を見てとれます（**図 22-3**）。蒜山と大山の火山群は、ほぼ同時期に活動したことがわかっています。100 万年にわたる長い活動期間中に噴出

図 22-3 鬼女台からの遠景

した岩石（デイサイトや安山岩）の化学組成や構成する鉱物の種類や量比に大きな違いがないことから、蒜山と大山は一連の活動で誕生した兄弟のような火山といえます。

現在知られている主要な火山と比較してみると、噴火規模（200 km^3）は富士山に次ぐものですが、活動期間の長さ（100 万年）、噴火周期（0.2 km^3/千年）、噴火様式などを考え合わせれば、50 万年前ごろの最も活動の盛んなときには、現在の富士山に匹敵するか、それ以上の威容を誇る複成火山であったと推定されます。

これら火山群の噴火活動の歴史は、つぎのようです（**図 22-4**）。約 100 万年前に今の大山の山腹および下蒜山の北側からほぼ同時期に噴火を開始し、初めはおもに溶岩を流出する比較的穏やかな活動でした。噴火活動は 40 〜 60 万年前に最盛期を迎え、蒜山—大山（弥山）—孝霊山の構造線に沿って大量の溶岩

142　Ⅱ．岡山県の地学めぐり

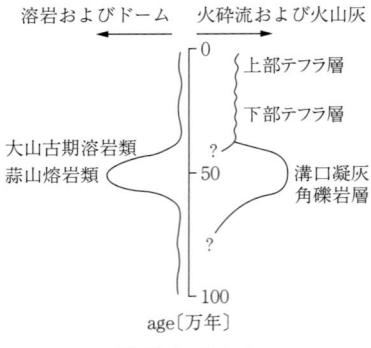

溶岩およびドーム　火砕流および火山灰

大山古期溶岩類
蒜山熔岩類

上部テフラ層
下部テフラ層
溝口凝灰角礫岩層

age〔万年〕

図 22-4　噴火史

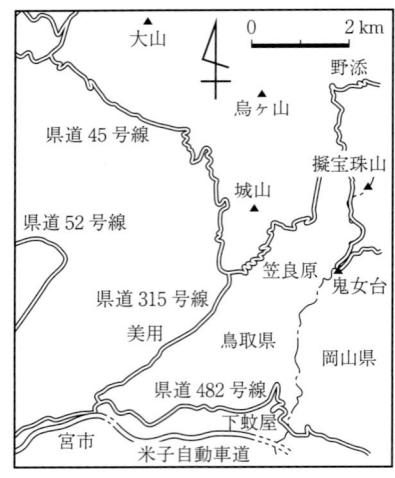

図 22-5　烏ヶ山周辺図

や降下火砕物を一斉に放出しました。この時期に現在の火山群の骨格ができあがり，東南東から西北西に並ぶ配置も決まりました。その後，溶岩の流出は少なくなり，火山灰や火砕流の噴出が主体の爆発的な活動に移りました。この間に大山の南から東の谷に沿った凹地に大量の火砕物が流入堆積しました。約100万年続いた一連の火山活動が終息したのは，今から1万数千年前です。

特に最末期の烏ヶ山の噴火活動は，大規模な火砕流を伴ったことが知られています（**図 22-5**）。それは約26 000年前に始まり，北西側に大山があるため，おもに東と南に流れ下りました。東側の流出の様子は，蒜山の裏（北側）に沿って関金の方へ約20 kmにわたり追跡できます。これは国内最大規模の火砕流です。野添では，径が数mもある火山礫を含む火砕流堆積物が積み重なり，高さ80 mにも及ぶ大露頭を観察できます。

一方，南側では，城山火山をはさむように二つに分かれた火砕流は，西は宮市，東は下蚊屋へ延び，それぞれ美用と笠良原の台地をつくっています。鬼女台からは，烏ヶ山より流れ下った火砕流が谷を平坦に埋め尽くし，笠良原の台地を形成している地形を眼下に見ることができます。烏ヶ山はこの大規模な噴火で山体のかなりの部分が崩壊・放出され，後に根っこに当たるものが溶岩

円頂丘として残りました。これが特徴的なとがった山容を示すゆえんです。噴火活動は，約17 000年前に終わったと推定されています。その当時すでに人が生活していたのは確かなので，定住密度は低いものの少なからず火山被害を受けたに違いありません。

花園の珪藻土採掘場（B）

（東経133°43′52″，北緯35°17′48″）

蒜山インターチェンジから旭川に沿って国道482号線を東に約10 km進むと，下長田の国道313号線に出合う辺りで旭川は大きく南に屈曲します。この少し手前で戸谷川沿いの道を北に入ります（**図22-6**）。「蒜山やつか温泉」の標識が目印です。約500 m進むと，右手に大きく開けた採掘場が目に入ってきます（**図22-7**）。

ここは国内最大規模の珪藻土採掘場です。掘り出した珪藻土は，ベルトコンベアーを使って約1 km東にある工場まで移送されています。この採掘場の見学や試料採取には，工場（昭和化学工業岡山工場）の許可と現場担当者の了解が必要です。稼働しているベルトコンベアーや重機に近づかないように，また高い切り通しの端を歩かないよう注意しましょう。

広大な採石場のほぼすべてが珪藻土の堆積物です。一部に褐色や灰黒色の火山灰層や白色からクリーム色をした軽石層をはさんでいることから，珪藻が堆積した当時に大山火山が噴火活動を繰り返していたことがわかります。ボーリ

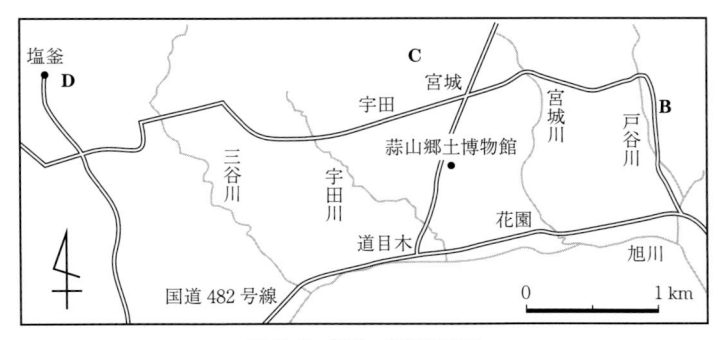

図22-6　宮城，塩釜周辺図

図22-7　珪藻土採掘場

ング調査の結果によれば，この辺りで層厚は50〜60m程度と推定されていますが，基盤の花崗岩に達するところでは70mにもなります。さらに，これらの地層は西に向かって数kmも追跡できます。採掘場の入り口（北西側）から中心部へ降りていく途中の地層を観察すると，傾斜したり直立する地層や分断されたブロック状のものが目に付きます。

これらは，珪藻が水底に沈積し，その上に累積した堆積物の重みにより地層に収縮を生じ（体積変化），水底の傾斜に沿って滑り落ちることによってできたものです（スランピングと呼ばれる堆積構造）。そのとき下位にあった火山砂や軽石が珪藻土層を貫き吹き上がったパイプ状の構造も頻繁に見られます。また，スランピングによる珪藻土層の移動に伴う小規模な褶曲や断層などの各種堆積構造もよく観察できます（図22-8）。

図22-8　珪藻土中の堆積構造

珪藻は単細胞生物で，植物性プランクトンの主要なものの一つです。約2億年前（ジュラ紀）に出現し，新生代に入ると爆発的に増えたと考えられ，その数は数万種を超えるといわれています。その生息域は海，汽水，湖，河川あるいは水たまりなど，あらゆる水域に及び，光合成でエネルギーを得て活動しています。その種類には止水を好むもの，流水に適応したものがあり，浮遊性，底生，付着生など生活圏もさまざまです。採掘場で見られる珪藻化石は，止水域に浮遊していたものがほとんどです。名前の由来は，細胞壁を構成する殻が珪酸（SiO_2）によりつくられていることによります。そのため，死んだ後も風化分解に強い殻は残って保存されるため化石として見いだされます。ただし，一つの殻の大きさは数十μm以下（1μmは1mmの1000分の1）のものが多

く，肉眼で識別するのは困難です。

　なぜこれほど多くの珪藻がここに堆積したのでしょうか。当時，ここには大きな湖があったと推察されます。蒜山地域の地質や地形を調べてみると，今から約35万年前に東西15 km，南北3 kmほどの大きさの湖（古蒜山原湖）の存在が明らかとなりました。これは，先ほど紹介した大山・蒜山火山の噴火活動の歴史と深い関係があります。

　昔の蒜山地域は中国山地（当時の分水嶺）の北に位置し，山陰側に属していました。したがって，この地域に降った雨は河川を通して北へ流れ，日本海に注いでいました。約100万年前に大山・蒜山の火山活動が始まると，この地域の北側をふさぐことになり，河川は西に向きを変え，おそらく現在の日野川の水系の一部をなしていたと思われます。これは，南に三郡変成岩からなる高い山並みがあり，東には第三紀の火山があったためです。ところが，50万年前ごろから火山活動は激しさを増し，溶岩や火砕流が蒜山地域の西側をおおい尽くしたため，ついには西への流れをせき止めてしまいました。

　こうなると蒜山地域の河川は日本海側へ流れ出すことができず，蒜山火山と中国山地に囲まれた盆地に水がたまり，大きな湖が誕生しました。湖には珪藻プランクトンが大発生し，その死骸が堆積したものが珪藻土です。その後，水位は上昇を続け，当時最も低い南斜面（現在の熊居峠付近）を越して湯原への川筋をつくり，新たに旭川へ合流しました。これにより中国山地の分水嶺を越し，瀬戸内海へと注ぐ旭川が誕生したのです（**図22-9**）。したがって，蒜山地区を流れる旭川の河床に珪藻土の露頭を見いだすことが

図22-9 古蒜山原湖

できます。大森にある旭川にかかる橋を上流に約100 m進むと堰堤があります。その下流側の河床や河岸には珪藻土が広く露出しています。ただし，滑りやすいので，歩く場合には十分注意しましょう。

　それでは珪藻土からなる地層をじっくり見ましょう。乾燥していて白い粉を

146　Ⅱ. 岡山県の地学めぐり

図 22-10　珪藻土中のラミナの積層

吹いたようになっていたら、スコップなど使って表面を削ってみます。薄い灰緑色の地層（ラミナ）からできていて、薄い色と濃い色のラミナの規則正しい積み重なりであることがわかります（**図 22-10**）。これは、夏場の水温の高いときと冬場の低いときとで種類の異なる珪藻プランクトンが生息していたためです。濃い色のラミナは暖かい季節に小型のキクロテラ（*Cyclotella*）が、淡い色のラミナは寒い時期に大型のステファノディスクス（*Stephanodiscus*）が堆積してできたものです。これら色の異なる一組のラミナは、ちょうど一年の季節の推移を反映しています。このような地層を年縞と呼び、しばしば古環境の変化を調べる際に利用されます。一組のラミナの厚さは 2〜3 mm ほどです。下部では圧縮され 1.5 mm 程度ですが、最上部では 3 mm ほどあります。平均の厚さを 2.5 mm として珪藻土の堆積期間を見積もると、3 万年ほどになります。両種とも浮遊性で止水域を好むことから、古蒜山原湖の環境は長い間ほぼ一定に保たれていたことがわかります。

　山深いところにある清涼な透き通った水をたたえた美しい湖をイメージしたくなりますが、おそらく緑色に濁った不気味な感じのするものだったと思われます。これは、大繁殖した珪藻の死骸が大量に沈降し湖底で分解するため、湖の環境は極度の酸欠状態になっていたと推察されるからです。したがって、水生昆虫や水生動物の痕跡や化石はありません。一方、周りの山麓から流れ込んできた葉や木の実は炭化した状態でよく保存されたため、たくさん見つけられます（**図 22-11**）。

　最近、これら珪藻土のラミナを使って堆積当時の古環境を推定する試みがなされています。色の異なるラミナの

図 22-11　珪藻土中の植物の化石（トチの実）

厚さの変化を数理解析し，それらの変化の傾向から当時の気象変動を求めるものです。8000年分のラミナを解析した結果，上位に向かって年縞の層厚はしだいに大きくなり，ステファノディスクスに特徴付けられる淡い色のラミナが卓越する傾向が認められました。このことは水温の低下を示し，古蒜山原湖の珪藻が寒冷化に向かう時期に大繁殖したことをうかがわせます。この寒冷化の時期は，第四氷期（ギュンツ）と第三氷期（ミンデル）の間の比較的温暖であった間氷期からミンデル氷期にかけてのころに対応します。先ほどの古蒜山原湖誕生の歴史とも矛盾しません。さらに層厚の変化の周期性から，現在と同じような太陽活動（黒点周期：約11年）やエルニーニョ現象（ENSO：4〜5年）などの気候変動に関係する現象があったこともわかりました。したがって，今関心の高まっている地球温暖化問題を考えるうえでの貴重な資料として大いに価値があります。

　掘り出されて乾燥した珪藻土を手に取ってみると，意外に軽いと感じられるでしょう。もとの原土は70〜80％の水を含んでいたからです。また，ティッシュをあてて口を付け息を吹き込んでみましょう。乾燥した珪藻土では，20cmほどの厚さがあっても息を通すことができます。このことから，珪藻土自体は多孔質であることがわかります。電子顕微鏡で拡大すると，円盤状の珪藻の殻（中は空洞）に小さな穴がたくさん開いているのを見ることができます（**図22-12**）。生息時にはこれらの細孔を通して水中の養分を取り入れていました。

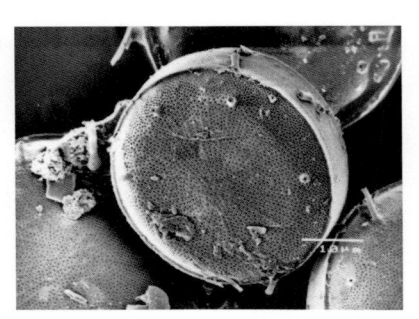

図22-12 珪藻の電子顕微鏡写真

　このような特殊な形態をもつ珪藻化石は，工業材料として広く利用されています。多孔質のため液体の浸透がよく，ろ過の際に抵抗が小さいことから，食品や薬品の製造過程における添加剤（ろ過助剤）としてなくてはならないものです。ただし，食品に直接触れるため食品添加物として扱われ，不純物を取り除くために1000℃以上の高温で焼成されます。この作業は隣接の工場で行われます。最近では，細孔を利用した機能性材料としての応用も図られるように

なり，調湿作用をもった建材や薬剤を吸着させた製品などへの用途も開発されています。

持ち帰った珪藻土を乾燥させて，いろいろな割合で水を吸着させたり，水を含ませたものを冷蔵庫で凍らせたりしてみましょう。0℃でも凍らない（毛管凝縮）など，普通の水とは異なる性質が確かめられます。

宮城（C）（東経133°42′33″，北緯35°18′07″）

花園から国道482号線を旭川に沿って西へ進みます。しばらく平坦な道が続きます。これは古蒜山原湖のかつての湖底が，すぐ足下の地形をつくっているからです。旭川より南側には小高い山（高張山など）が見られますが，いずれも大山や蒜山より古い第三紀の火山岩からなり，流紋岩などの酸性岩の活動も知られています。一方，北側は蒜山の山並みまで，なだらかな地形をつくっています。ところどころにある起伏は，珪藻土が堆積した以降の大山の活動による火山堆積物を観察できる場所です。

道目木を旧国道313号線に沿って北へ約1km進んだ宮城交差点から北西へ約400m進み，牧場の草地を抜けた所によい露頭があります。遠くからもよく見えます。数万年前の噴火による火山灰や軽石を成層したいくつもの火山降下堆積物（テフラ）と，それらを不整合でおおう2万数千年前以降の最末期のテフラを間近に見ることができます（**図22-13**）。前者のテフラは蒜山原層

図22-13 テフラの堆積構造とAT層

と呼ばれる大山からの噴出物で，後はおもに烏ヶ山の爆発噴火による火山堆積物からなり，下部に鹿児島の姶良火山起源のテフラ（AT層と呼ぶ）をはさんでいます。露頭全体の様子から，蒜山原層の堆積後に侵食を受けて尾根状の凸地形をつくり，その後の新しい火山堆積物は以前の地形に沿うようにおおっているのがわかります。これは火山噴出物などによる風成堆積の特徴をよく示しており，あくまでも水平に積層する水成堆積構造と異なります。

22. 蒜山 —珪藻土—　149

　一連の堆積を示すテフラについて，構成する粒子の大きさや形態の特徴を調べてみましょう。下部に大きな火山礫や軽石が多く見られ，上部ほど砂や灰のような粒径の小さな堆積物が多くを占めるようになります（級化）。ここから西方の宇田にかけて，大山・烏ヶ山のテフラを観察できる法面(のりめん)や切り通しがあります。露頭を調べる際には，通行や農作業の妨げにならないように注意しましょう。

　この地域は，さまざまなテフラが複雑に堆積しているのが見いだされます。テフラの層序を正確に特定するためには，降下年代のわかっている特徴のあるテフラを指標（鍵層）にします。よく利用されるのは，姶良火山の噴火（25 000年前）による降下火山灰層（AT層）です。宮城の露頭において，不整合面のすぐ上にあるオレンジ色〜黄土色のきめ細かい均一なテフラ（層厚約25 cm）がそれに当たります（図22-13）。このテフラはほかのテフラと区別しやすく，その色の特徴からキナコと呼ばれています。水で洗うと透明な小さい火山ガラスがたくさん出てきます。これは，噴火直後にどろどろに溶けた溶岩が爆発し急冷して生成したものです。電球が割れたときに生じる破片のような球形の一部を模した形状（バブル型）をとります。慣れてくるとテフラを舌にとってみて，その感触からAT層とわかるそうです。

　AT層は，最終氷期（ヴュルム氷期）の広域指標層として，全国各地の特に旧石器遺跡の調査に広く活用されています。しかし，岡山市内ではAT層はほとんど見つけることができません。これはAT層が風成層のため，堆積後にすぐ雨風により流されてしまったからです。一方，蒜山地域では，AT層の降下堆積後に間を空けず烏ヶ山の噴火が起こり，火山降下物がAT層をおおいました。

　テフラは侵食に弱いため，これが形成されるには一連の火山噴火，テフラ降下，堆積が速やかに連続する必要があります。AT層直上のテフラは約25 000年前の噴火起源のものであり，さらに上位の堆積物は17 000年前の噴火によると推定されています。100万年前ごろから噴火を始めた大山・蒜山の火山活動は，ほんの1万数千年前まで大規模に繰り返し続いていたのです。

塩釜（D）（東経133°40′44″，北緯35°18′04″）

　宇田を通って西に約2 km進むと，旭川の源泉の一つ塩釜に着きます（図22-14）。ここは中蒜山への登山口にも当たり，観光シーズンには多くの人で賑

150　Ⅱ．岡山県の地学めぐり

図 22-14　塩　釜

わいます。蒜山へ浸透した雨水が長い年月をかけて湧き出してきたものです。約 60 m² のひょうたん型をした池から毎秒 300 リットルの清らかな水が湧き続けています。年間を通して水温は 11 ℃前後と一定です。30 秒も手をつけていられないほど冷たく，ミネラル分は比較的少なくあっさりとした味わいです。珪藻土を産することから，珪酸成分が多い水と期待されますが，分析値からは逆に少ないと判定されます。珪藻土の堆積時期には，火山活動が盛んで火山灰などの降下が頻繁にあり，それらの一部が溶出して殻をつくった珪酸成分のもとになったと考えられます。

　登山道を上っていくと，赤く変質した安山岩が多く目に付きます。その中から鏡鉄鉱（赤鉄鉱）を発見できることもあります（図 22-15）。大きくても小指の爪ほどの黒色板状の鉱物で，名前の通り鏡のように光をよく反射するため間違えることはありません。見た目は真っ黒ですが，成分は鉄のサビと共通で，条痕色は赤サビ色です。新鮮な結晶の内部反射は濃い赤ブドウ酒色を呈します。上蒜山の登山道や湯船川沿いの河岸にも産することがあります。かつては擬宝珠山の山頂付近から子どもの握りこぶしほどの結晶も採取されたと伝えられ，現在は蒜山郷土博物館に展示されています。できれば，蒜山の頂上を目指してみましょう。眼下に広大な蒜山高原を望み，100 万年の長きにわたり活動した日本有数の巨大火山に思いを馳せてみてはいかがでしょうか。

（西戸裕嗣）

図 22-15　蒜山安山岩中の鏡鉄鉱

参考文献

1) 石原与四郎・宮田雄一郎（1999）：中期更新統蒜山原層（岡山県）の湖成縞状珪藻土層に見られる周期変動，地質学雑誌，**105**，pp.461-472
2) Kimura, J., Tateno, M. and Osaka, I. (2005)：Geology and geochemistry of Karasugasen lava dome, Daisen-Hiruzen Volcano Group, southwest Japan, *Island Arc*, **14**, pp.115-136
3) 津久井雅志（1984）：大山火山の地質，地質学雑誌，**90**，pp.643-658
4) 津久井雅志・西戸裕嗣・長尾敬介（1985）：蒜山火山群・大山火山群のK-Ar年代，地質学雑誌，**91**，pp.279-288
5) Tsukui, M. (1986)：Long-term eruption rates and dimensions of magma reservoirs beneath quaternary polygenetic volcanoes in Japan, *Journal of Volcanology and Geothermal Research*, **29**, pp.189-202
6) 西戸裕嗣（2005）：蒜山の地史，「旭川を科学する Part 1」岡山理科大学岡山学研究会編，吉備人出版，pp.65-80
7) 蒜山原団体研究グループ（1975）：岡山県蒜山原の第四系（1），地球科学，**29**，pp.153-160
8) 蒜山原団体研究グループ（1975）：岡山県蒜山原の第四系（2），地球科学，**29**，pp.232-237
9) 町田 洋・新井房夫（1976）：広域に分布する火山灰―姶良Tn火山灰の発見と意義―，科学，**46**，pp.339-347

真 賀 温 泉

　真庭市仲間にある温泉（**図22-16**）。旭川の渓谷に沿って走る国道313号の脇にあり，対岸には足温泉がある。温泉の発見は室町末期といわれる。石英閃緑岩の間から湧出する。泉質は無色透明で弱アルカリ性（pH 9.2）の単純温泉。泉温は40℃。神経痛・リウマチに効能がある。元湯は，泉源を石で直接囲って浴槽を造っているので，節を抜いた竹筒を泉源にさし込むと，温水が勢いよく吹き出してくる。

図22-16　真賀温泉

23. 鏡野北部 —ウランと植物化石—

　鏡野町北部には花崗岩類が広く分布しています（**図 23-1**）。この花崗岩類は貫入時期や種類によっていくつかの岩体に分けられています。奥津付近には花崗閃緑岩が，人形峠付近には花崗岩がそれぞれ分布しています。人形峠付近の花崗岩は古第三紀（6千万年前）の年代を示し，奥津付近の花崗閃緑岩はそれよりもやや古い年代を示しています。これらの花崗岩類には磁鉄鉱が多く含まれ，それが岡山県北部で行われていた「たたら製鉄」の原料にもなりまし

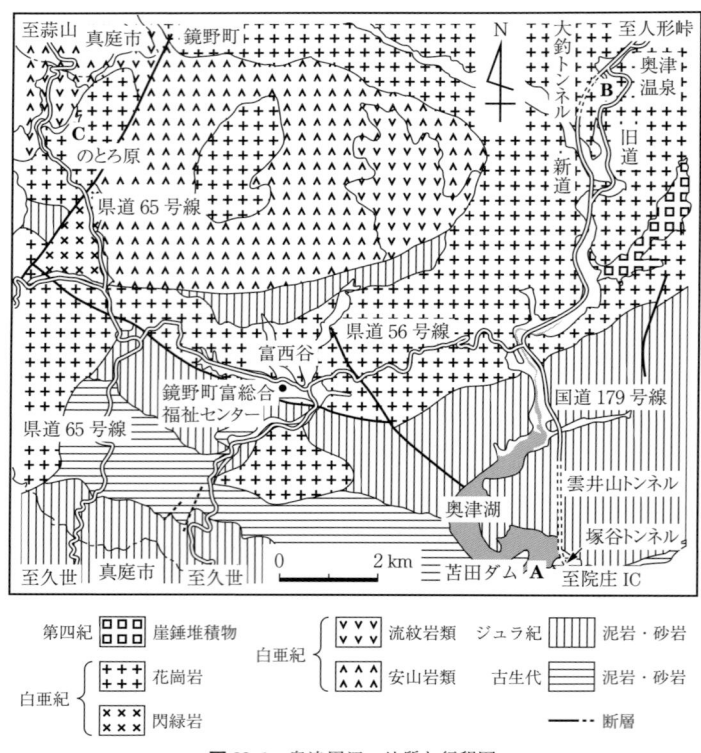

図 23-1 奥津周辺の地質と行程図

た。

恩原湖周辺には，三朝層群と呼ばれる新第三紀中新世から鮮新世の地層が分布しています（**図 23-2**）。三朝層群は火山岩や砕屑岩からなり，恩原湖から辰巳峠にかけて分布する泥岩層からは，多数の植物化石が見つかっています。人形峠付近に分布する礫岩層にはウラン鉱床を伴います。

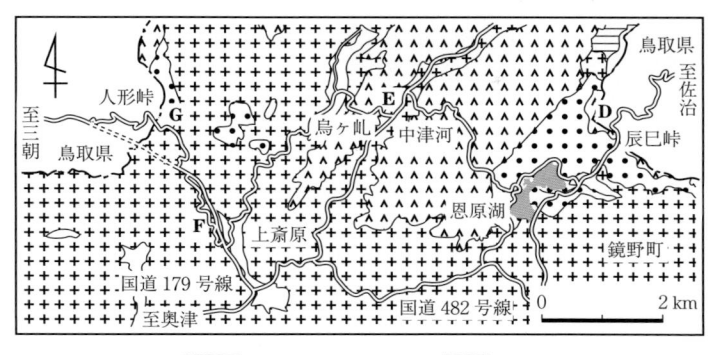

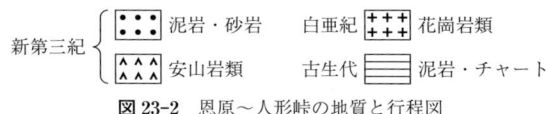

図 23-2 恩原～人形峠の地質と行程図

〔**みどころ**〕

① 奥津渓を見学しましょう。
② 辰巳峠の植物化石を見学しましょう。
③ 人形峠のウラン鉱物を観察しましょう。

〔**地図**〕 2万5千分の1地形図「香々美」「奥津」「富西谷」「上斎原」「加瀬木」

奥津湖（A）（東経 133°53′40″，北緯 35°07′38″）

院庄インターチェンジから国道179号線を北に進みます。約10 km 進むと，奥津湖に着きます（**図 23-3**）。この湖は苫田ダムにより作られた人工湖です。湖周辺は散策コースとして整備されています。

奥津湖そばの塚谷トンネル手前から苫田ダム管理所へ行きましょう。ここには苫田ダム展示室があり，苫田ダムの歴史が学べます。堤体内には見学室があ

154　Ⅱ．岡山県の地学めぐり

り，ダムを間近に見ることができます。日付や時間帯によっては水が放流されている様子を見ることもできます。

国道179号線まで戻り，さらに北に進みます。長さ1500mある雲井山トンネルを出ると，奥津湖総合案内所「みずの郷奥津湖」があります。この案内所には，ふるさと味わい館と広報展示館があります。ここでも苫田ダムのことが学べます。記念に「ダムカード」というカードをもらうこともできます。

図 23-3　奥津湖

奥津渓（B）　（東経133°54′45″，北緯35°12′33″）

総合案内所から約5km進むと，奥津温泉へのバイパスと旧道との分かれ道に着きます。ここは旧道の方へ向かいます。さらに約2km進むと天然記念物奥津の甌穴群に着きます。

道沿いには川が流れています。この川岸をよく見ると，方状節理の発達した花崗岩が露出しています（図23-4）。すぐそばで見ることができますが，川に落ちないように注意して観察しましょう。「国指定名勝奥津渓」と書かれている石柱のそばには大きなくぼみが観察できます（図23-5）。これが甌穴です。甌穴はポットホールとも呼ばれ，河床にできたくぼみに礫が入り，その礫が水

図 23-4　花崗岩の方状節理　　　　　　図 23-5　甌　穴

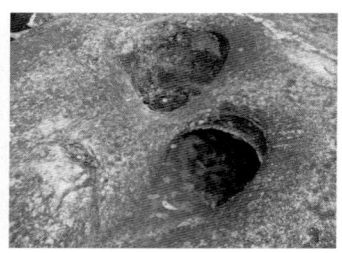

23. 鏡野北部 —ウランと植物化石—

流により回転することにより，くぼみが大きく深くなったものです。石柱のそばの甌穴は現在の河床より約 8 m も高くなっています。甌穴は河床にできるものですから，かつての河床はこの位置にあったことがわかります。長い年月にわたる侵食作用の大きさが実感できるでしょう。

この甌穴群から上流に遊歩道が整備されています。時間があればゆっくり散策してみましょう。甌穴はこの場所だけではありません。どこにあるか，その高さはどのくらいか調べてみましょう。

鍛冶屋谷たたら遺跡 （C） （東経 133°47′48″，北緯 35°12′12″）

奥津湖の北から県道 56 号線に進み，旧富村方面へ進みます。約 5 km 進むと鏡野町富総合福祉センターに着きます。この隣にたたら展示館があります。普段は閉まっているので，見学したいときには隣にある富振興センター窓口に問い合わせましょう。

展示館から，のとろ原キャンプ場を目指します。キャンプ場には，ログハウスやテントサイトなどキャンプ施設が整っています。キャンプ場の駐車場そばに鍛冶屋谷たたら遺跡の案内板があります。遺跡まではここから徒歩 5 分の距離です（**図 23-6**）。

図 23-6 鍛冶屋谷たたら遺跡

辰巳峠の植物化石 （D） （東経 134°00′12″，北緯 35°18′56″）

奥津温泉から国道 179 号線を進みます。途中から国道 482 号線を進み，鳥取県を目指します。岡山県と鳥取県の境界に辰巳峠があります（図 23-2）。

この辺りには三朝層群と呼ばれる新第三紀鮮新世の地層が分布していて，植物化石もたくさん見つかっています。特に，辰巳峠から鳥取県側に下りた所は辰巳峠化石植物群として文化財

図 23-7 辰巳峠化石植物群

に指定され，保存されています（**図23-7**）。ここからは，ブナやケヤキなどの広葉樹の葉の化石や昆虫化石が見つかっています。

この場所での採集は禁止されていますので，観察だけにしておきましょう。同じ地層は恩原湖周辺にも広がっています。恩原湖北側の露頭を探してみましょう。かつて泥岩層からはブナ・ナラ・ヤナギなどの植物の葉の化石がたくさん出てきました。

三朝層群は海の生物の化石が産出しないことから，陸成のものと考えられます。かつての火山活動によってできたせき止め湖や，その周辺の河川に堆積した地層です。

烏ヶ乢（たわ）の不整合（E）　（東経133°58′02″，北緯35°18′55″）

恩原湖からスキー場横を通って中津河（なかつごう）へ向かい，さらに国道179号線へ進みます。途中の烏ヶ乢の道路沿いに採石場跡があります（**図23-8**）。

図23-8 烏ヶ乢の不整合

ここの露頭をよく見ると，下から約10mまでが基盤の花崗岩で，その上を大きさが数cmから1mくらいの角礫～亜角礫からなる礫岩層がおおっています。礫の種類は花崗岩や安山岩です。

人形峠を中心に分布するウラン鉱床は，これと同じ層によく発達しています。新第三紀鮮新世に，この付近の花崗岩は侵食作用を受けました。当時，その花崗岩の上を流れていた川に堆積したのがこの礫岩層です。

花崗岩中の岩脈（F）　（東経133°56′21″，北緯35°18′06″）

中津河から国道179号線に出て，北に向かいます。すぐに人形峠に向かう道（旧道）があるので，そちらを進みます。

約800m進むと，花崗岩の露頭が見えてきます。よく見ると，幅約2mの安山岩の岩脈がほぼ垂直に入っています（**図23-9**）。この安山岩は黄褐色の粘土状になっている部分もあり，かなり風化しています。幅約10cmの岩脈も

23. 鏡野北部 —ウランと植物化石— 157

図 23-9 花崗岩中の岩脈

数か所に見ることができます。

人形峠かがくの森プラザとウラン坑道（G）
（東経 133°55′59″，北緯 35°18′50″）

　地点 F から約 1.5 km 進むと人形峠に着き，「人形峠かがくの森プラザ」の標識が目に入ります（**図 23-10**）。この施設の敷地にはアトムサイエンス館，上斎原スペースガードセンターの2館が同じ建物内に入っています。以前は人形峠でのウラン開発や原子力開発の歴史について学ぶことができる人形峠展示館がありましたが，2012（平成 24）年3月に閉館しました。

図 23-10 人形峠かがくの森プラザ

　アトムサイエンス館には，原子力の用途などが楽しく学べる体験施設があります。

　上斎原スペースガードセンターは 2004（平成 16）年に日本宇宙フォーラムにより建設された，宇宙のゴミ「スペースデブリ」を観測する施設です。同様の施設は，日本にはここ上斎原と井原市美星町の美星天文台隣の美星スペースガードセンターの2か所にしかありません。実際の観測場所はここから少し離れていますが，この場所にはスペースデブリの説明や宇宙開発についての展示

があります（64ページ参照）。

人形峠には，かつてのウラン坑道の一部が見学用に整備されています。1957（昭和32）年にウラン鉱石を掘った坑道で，東西230m，南北70mにわたってウラン鉱床が分布しています。そのうち42mが見学坑道で，ウラン鉱石を実際に観察することができます。見学できるのは，12月〜翌年3月を除く平日です。

人形峠から鳥取県側に少し下りた所にウラン鉱床発見の地があります（**図23-11**）。

図 23-11 ウラン鉱床発見の地

人形峠のウラン鉱物は，人形石と燐灰ウラン石の二つに大別されます。人形石はここで初めて発見された新鉱物で，この峠の地名にちなんで名付けられ，学名でも ningyoite と呼ばれています。人形石は地表より少し深く空気の触れないところにでき，色は黒っぽく，粉状か細かい針状で産出するので，あまり目立たない鉱物です。

燐灰ウラン石は黄緑色の美しい鉱物で，しばしば1〜2mmくらいの薄板状の結晶として産出します。この鉱物は紫外線を当てると美しい蛍光を発することでよく知られています。人形石が酸化されてできたもので，地表面に近いところに出てきます。　　　　　　　　　　　（西谷知久・大月史郎・土居幸宏・福島　滋）

参考文献
1) 河野義礼・植田良夫（1966）：本邦産火成岩のK-A dating（V）―西南日本の花崗岩類―，岩石鉱物鉱床学会誌，**56**，pp.191-211
2) 須藤　宏・本間弘次・笹田政克・加々美寛雄（1988）：山陰東部，三朝―奥津―湯原地域に分布する白亜紀〜古第三紀火成岩類のSr同位体比，地質学雑誌，**94**，pp.113-128

24. 鏡野南部 —玄武岩と新第三紀層—

　大沢池付近には，おもに泥質片岩からなる三郡変成岩が分布しています（**図 24-1**）。この変成岩を基盤として，新第三紀中新世の砂岩，泥岩からなる勝田層群が広く分布しています。勝田層群を貫いて，男山や女山のような玄武岩でできた小高い山が点々と分布しています。

　女山周辺は，地球のおいたちをテーマとした男女山公園として整備されています。恐竜の形をした遊具や滑り台のほか，ハチの巣型をした風力発電システムの風車があります。

〔**みどころ**〕
① 大野の整合を観察しましょう。
② 土居の玄武岩を観察しましょう。
③ 一宮の新第三紀基底礫岩層を観察しましょう。

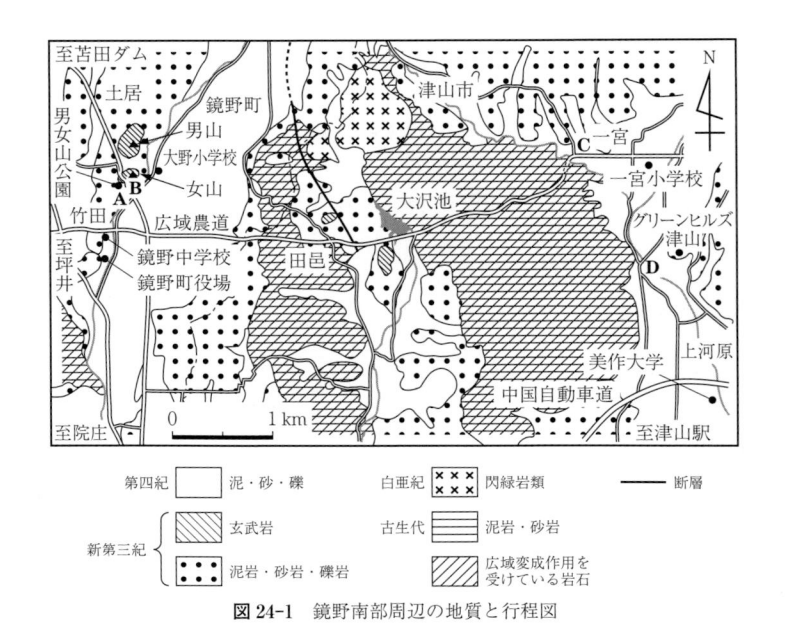

図 24-1 鏡野南部周辺の地質と行程図

160   Ⅱ. 岡山県の地学めぐり

④ 宮川の新第三紀層を観察しましょう。

〔**地図**〕 2万5千分の1地形図「香々美」

大野の整合（**A**）　（東経133°56′09″，北緯35°05′53″）

JR津山駅から国道179号線を通って苫田ダムに向かいます。院庄インターチェンジを過ぎて5km進むと，左側に高さ40m，幅200mほどの切り開いた崖が見えます（**図24-2**）。

図24-2　大野の整合

下から約35mまでは，砂岩と泥岩が水平に10～50cmの厚さで交互に積み重なっており，その上をおもにこぶし大～人頭大の円礫を含む黄色をした約5mの層が不整合におおっています。下のきれいな地層が新生代新第三紀層（勝田層群高倉層に相当）で，上の礫層が第四紀層です。第四紀層からは縄文時代早期と弥生時代の住居址などが複合して発見され，竹田遺跡として有名になっています。この露頭は，「大野の整合」という名で1956（昭和31）年に岡山県の天然記念物に指定されています。同様のものが鏡野町内一帯（香々美川沿いおよび鏡野町土居，上森原，下森原）にも広く分布しており，その規模や層理の明瞭さは県下随一と思われます。遠方から見ても砂岩と泥岩の層が規則正しく交互に重なっているのがよくわかります。

このような地層は「互層」と呼ばれていますが，どこでどのようにしてできたものでしょうか。簡単には，流れの強いときに粒の粗い砂がたまり，弱いときには泥がたまって次々と積み重なり，砂と泥が別々に堆積したようにいわれていることがあります。しかし，それほど交互に規則正しく堆積するものでしょうか。そこで少し詳しく調べるためにつぎのような実験をしてみました。

下部が砂で上部が泥からできている約1mの層について，下部から順に砂や泥を採取し，それらを粒の大きさによって分けてみます。約1mのガラス管の中に水を入れ，その中に採取した砂や泥をよくほぐして泥水として流し込

24. 鏡野南部 —玄武岩と新第三紀層— 161

み，底に沈むまでの速さを測ってその粒度を決めます。沈む速さと粒の大きさの関係は，条件によって多少異なりますが，ほぼ**図 24-3**のようになっています。

実験結果は**図 24-4**のとおりです。層の下から3分の2くらいまではほとんどが細粒〜極細粒の砂ばかりでそこから上は急に粒が細かくなり，5分の4あたりからは泥質となっています。このため，砂と泥の層がはっきり区別でき一見別々に堆積したように見えますが，じつは1回の堆積による級化層です。粒の大きさによる沈降速度の差によって生じた結果であることがわかります。

この付近の地層は，砂から泥に変化していく単層が何層も積み重なってできているのです。このような砂岩と泥岩の互層は，海底の地すべりなどに伴う混濁流によって生じたタービダイト（40ページ参照）と考えられます。

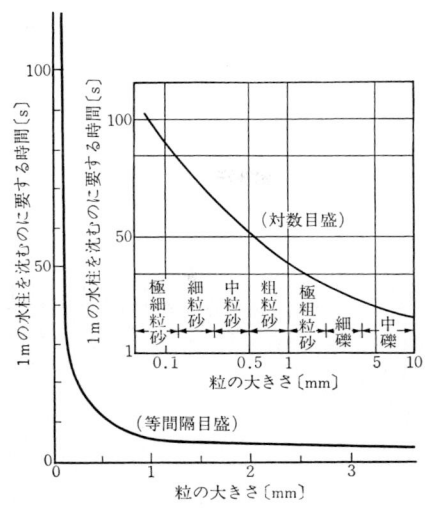

図 24-3 粒の大きさと沈む速さ（初版より）

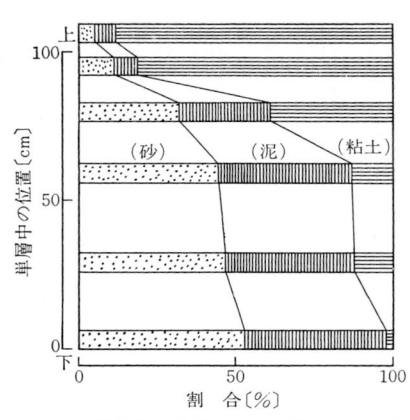

図 24-4 単層内の位置による砂泥粘土の割合（初版より）

この地層からは植物化石の破片が少量産出するだけで，海の生物の大型化石が発見されません。しかし，泥岩中の有孔虫や珪藻などの微化石の研究から，この付近が外洋性の環境にあったことが指摘されています。

鏡野町土居の玄武岩（B）　（東経133°56′11″，北緯35′06′00″）

大野の整合から北東約1 kmの所に大野小学校があります。小学校の前には，香々美川に架かる中井田橋があります。ここから川の対岸を見ると，円錐形の小山が二つあります。北の高い方が男山，南の低い方が女山と呼ばれ，どちらも新生代新第三紀層を貫いてできた玄武岩の小山です。女山の所のトンネルをくぐって左折し，男女山公園から女山に上ってみましょう。

女山の頂上付近から南を見ると，吉井川による低い段丘地形が見えます。頂上から少し下りると，県下最大といわれる町指定天然記念物の玄武岩の柱状節理が見えます。一抱えほどもある柱状の玄武岩が，まるで石垣のように見事に並んでいます。餅が固まるとひびが入るのと同様に，マグマが固結するときにできるひび割れがこの節理です（図24-5）。

図24-5　玄武岩の柱状節理

節理の形はマグマの性質，すなわち火成岩の種類によって違いがあり，柱状に発達するのは玄武岩の特徴の一つです。また，柱状節理はマグマが固結するとき，周囲の壁に対して直角に発達することが知られています。ここの節理は水平状態になっているので，マグマがほぼ垂直に噴出してできたものと推定できます。玄武岩の分布も狭く，山がほぼ円錐形であることから，この山は火山活動のときのマグマの通路であったと考えられます。この付近の玄武岩の中には，5 mm～1 cmくらいの白く丸い部分を持つものが多くあります。これは，玄武岩のすき間を，ソーダ沸石という鉱物が晶出して埋めたもので，ときには放射状の美しい結晶が見られることもあります。

周辺をさらによく観察してみましょう。周囲の玄武岩より少し軽く，黒くて緻密でなめらかな，様子の変わった岩石があります。これは，玄武岩ができるとき，その熱で周りの岩の一部を溶かしてできたもので，ブッカイトと呼ばれる堆積岩の成分を含むガラス質に富んだ岩石です。このことから，この玄武岩の小山は新生代新第三紀層を貫いてできたことがわかります。

24. 鏡野南部 —玄武岩と新第三紀層— 163

　この山が現在このように新生代新第三紀層の上に少し突出して現れているのは，玄武岩が周りの新生代第三紀層より固いので，侵食に強く，残ったためです。火山活動のときに，マグマの通路の部分が残ったものを火山岩頸と呼び，このように侵食を免れて残った周囲より高い部分を残丘といいます。

　今度は，隣の男山に登ってみましょう。ここでは，卵くらいの大きさの黄緑色～黄褐色の塊を含んだ玄武岩が見られます。これはカンラン石ノジュールと呼ばれ，ほとんどカンラン石ばかりからなる岩片を取り込んでいるものです。おそらくマントル上部の一部を取り込んできたものでしょう。なお，津山地区には，男山，女山のような玄武岩頸が津山市・勝央町・美咲町などにもあり，いずれも残丘として小範囲に現れています。

一宮の第三紀基底礫岩層（C） （東経133°59′26″，北緯35°06′09″）
　地点Aから広域農道を東に進み，大沢池を過ぎて約2km行った所に広域農道をくぐるトンネルがあります（地点C，津山市一宮）。

　トンネルの南側付近では，黒色で薄くはがやすい岩石が露出しています。これは，津山市周辺の基盤をつくっている古生層に属し，泥質片岩（黒色片岩）と呼ばれる変成岩です。

　トンネルの北側では，一部に厚さ40cmほどの砂岩層を帯状にはさみ，厚い所で7～8mほどの礫岩層が急に見えてきます。礫の形はあまり丸くなく，角張っています。大きさは2～5cmくらいのものが多いようですが，中には1mほどのものもあり，それらがよく混ざり合っています。礫の種類は，流紋岩質のものもありますが，泥質片岩や緑色をした塩基性片岩が大部分を占めています。

　このように，基盤の上に基盤と同じような，しかもあまり角の取れていない角礫があることから，遠くから運搬されてきたものでないことがわかります。このような礫岩は基底

図24-6　一宮の基底礫岩層

礫岩と呼ばれます（**図 24-6**）。トンネルや土砂崩れ防止の吹き付けがあるため，直接基盤と礫岩層が接している部分を見ることはできませんが，周囲の様子から考えると不整合に接しているのは確かです。基底礫岩は，不整合面の上にあるものですから，ここは新第三紀層の底の部分が見えていると考えてもよいでしょう。そのため，この不整合面をたどることができれば，新第三紀層が堆積する以前の地形が想像できるわけです。

なお，トンネルの上を通っている広域農道に上り，東へ約 100 m 進むと，道路の左に基底礫岩やこの礫岩層の上に重なっていると考えられる厚さ 10～20 cm くらいの砂岩と泥岩の互層があります。走向 N45°W，傾斜 10°E で砂岩層が直接礫岩層の上に整合に重なっているのが見られます。

宮川の新第三紀層 （**D**） （東経 134° 00′ 02″，北緯 35° 05′ 26″）

地点 C から広域農道を東に約 1 km 進み，横野川に架かる橋を過ぎてすぐの交差点を南に進みます。約 1 km 進むと宮川に架かる北の街橋に着きます。

この橋の下流の河床に新第三紀の礫岩・砂岩が露出しています。ここからは，二枚貝などいろいろな化石が見つかっています。どんな化石が見つかるか，じっくり探してみましょう（**図 24-7**）。

図 24-7 宮川の新第三紀層

（野﨑誠二・大月史郎・土居幸宏・福島　滋）

参 考 文 献

1) 宇都浩三（1995）：火山と年代測定：K-Ar, ^{40}Ar/^{39}Ar 年代測定の現状と将来，火山，**40**，pp.S27-S46
2) 野瀬重人（1985）：理科 I におけるマントル教材としてのカンラン岩について，岡山県教育センター紀要，地学教材の開発Ⅲ，pp.1-6

25. 津山市内 —中新世の化石—

　この地方は中央を吉井川が西から東へ流れ，北は中国山地に南は吉備高原にはさまれた盆地を形成しています。津山駅より南には白亜紀の流紋岩類が分布しています（**図 25-1**）。北部には新第三紀中新世の勝田層群が広く分布しています。

〔みどころ〕
① 津山市内の地学に関する施設を見学しましょう。
② 大谷の流紋岩類を観察しましょう。
③ 吉井川河床の新第三紀層を観察しましょう。

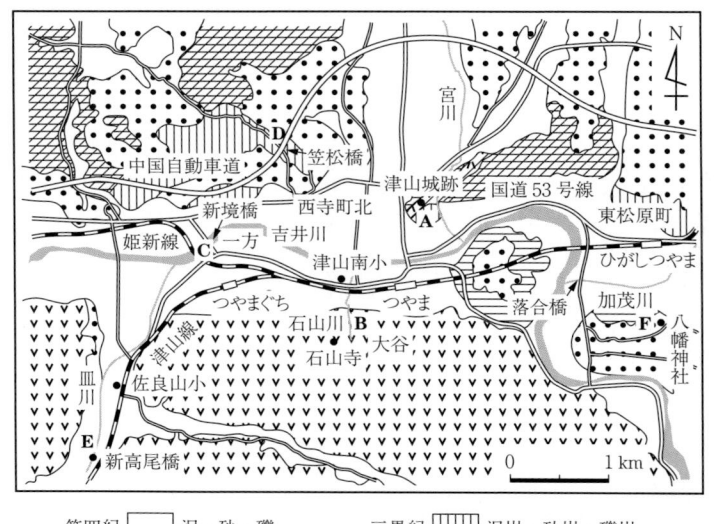

図 25-1　津山市内の地質と行程図

166　Ⅱ．岡山県の地学めぐり

④　小田中の新第三紀有孔虫化石を観察しましょう。
⑤　皿川の新第三紀貝化石を観察しましょう。
⑥　日上の河岸段丘を観察しましょう。

〔地図〕　2万5千分の1地形図「津山西部」「津山東部」

「つやま自然のふしぎ館」と「津山郷土博物館」（A）

（東経 134°00′18″，北緯 35°03′40″）

　「つやま自然のふしぎ館」（津山科学教育博物館）は津山駅から約800 m 北方（徒歩10分），津山城跡（鶴山公園）正面入口にあります（**図 25-2**）。日本はもとより，世界の岩石・鉱物・化石・動物・植物・生理・生態の標本や資料が常時22 000点展示されています。特に，ワシントン条約が発効される前の1963（昭和38）年11月に，世界の希少動物のはく製を中心とした自然科学の総合博物館として開館したことから，稀少貴重標本が多数あります（動物はく製類は約850種）。

　ここの特徴は，津山市指定文化財のヒゲクジラの化石の全身骨格（地点 C で発見）をはじめ，新生代新第三紀の化石など，津山地区で採集された標本が数多く展示されていることです。津山盆地の成り立ちが説明されているので，地学関係の展示物だけでも見学しておけば，これからの地学めぐりに役立つでしょう。見学所要時間は約1時間です。

　「つやま自然のふしぎ館」から約100 m 南東には，「津山郷土博物館」（旧津山市庁舎）があります（**図 25-3**）。郷土の文化財を収集・保管した市立の歴史博物館です。おもな展示資料には，1982（昭和57）年に津山市上田邑で発見

図 25-2　つやま自然のふしぎ館　　　**図 25-3**　津山郷土博物館

された1600万年前の奇獣パレオパラドキシアの骨格復元模型，古墳時代の出土品，津山城の精密復元模型や津山藩の関係資料などがあります。見学所要時間は約1時間です。

なお，郷土博物館前の道路を東に直進すると，津山城跡南東隅で宮川に出ます。石垣下や岸壁に，モノチスを含む中生代三畳紀の基盤岩類を確認することができます。

津山市大谷の流紋岩類（B）　（東経134°59′44″，北緯35°02′53″）

津山南小学校の東側に石山川という谷川があります。谷川沿いの小道を約300m南へ上ると，石山寺へ通じる道と谷川沿いの道の三差路があります。車はここまでしか入れません。ここから谷川沿いにさらに約300m歩くと，道の右側に流紋岩類の露頭や転石があります（地点B，津山市大谷）。

この付近の山は，勝田郡中部から津山市南部・久米郡東部一帯に広く分布する流紋岩質の溶岩や砕屑岩でできています。これらの岩石は，場所によっては石英の斑晶や流理構造を示し，流紋岩質溶岩の特徴をよく示している部分もあります。大小さまざまな異質の岩片，特に津山地区の基盤をなす粘板岩などを角礫の形で含んでいる場合が多く，流紋岩質角礫凝灰岩などと呼ばれています（図25-4）。

図25-4　大谷の流紋岩質角礫凝灰岩

この岩石は，その分布や他の岩石との関係から見ると中生代三畳紀より後で，新生代新第三紀より古いことがわかります。美咲町錦織では，中生代白亜紀の花崗岩類によって貫かれた場所もあります。これらのことから，中生代後半の白亜紀ころの火山活動によってできたものと考えられます。粘板岩などの異質の岩片は，そのときの火山活動によって基盤の岩石が取り込まれたものでしょう。

なお，津山城跡の石垣の多くも，慶長年間（約400年前）に切り出されたこの岩石を利用しています。風化に強く固いので，かつて津山石の名で採石して

168　Ⅱ．岡山県の地学めぐり

利用され，その採石場跡は中央公民館の南方にあることが遠方からでも望めます。

吉井川の新第三紀層（C）　（東経133°58′48″，北緯35°03′29″）

国道53号線を，津山駅から岡山方面に向けて約1.7km進むと，津山市一方に三差路があります。ここで右折すると吉井川に架かる新境橋があり，橋の左手にJR姫新線の鉄橋が見えます。ここで，吉井川の河床に下りてみましょう。

この付近から上流の院庄(いんのしょう)駅付近にかけては，新生代新第三紀の泥質砂岩や細礫岩の層が河床一面に水平に広がっています（勝田層群吉野層に相当）。

この層の中からはサメの歯・ホタテ貝・カキなどの化石が数多く産出し，院庄駅南の滑川(なめかわ)橋付近ではカキ化石が密集している場所もあります。夏は絶好の化石採集場となります。

1962（昭和37）年8月4日に津山西中学校生徒の大上博君が鉄橋の下流100mの北岸で，次いで22日には津山南中学校生徒の横山一也君が鉄橋の下流200mの南岸で，それぞれ巨大な獣骨の化石を発見しました。岡山大学と広島大学による詳しい発掘調査の結果，これは体長が約6mのヒゲクジラの一種であることがわかりました。頭骨・肋骨・脊椎骨などほぼ全身の骨格が発掘によって現れたのは，日本では初めてのことでした（図25-5）。

当時この化石は津山化石と呼ばれ，地層の中にあったままの姿で

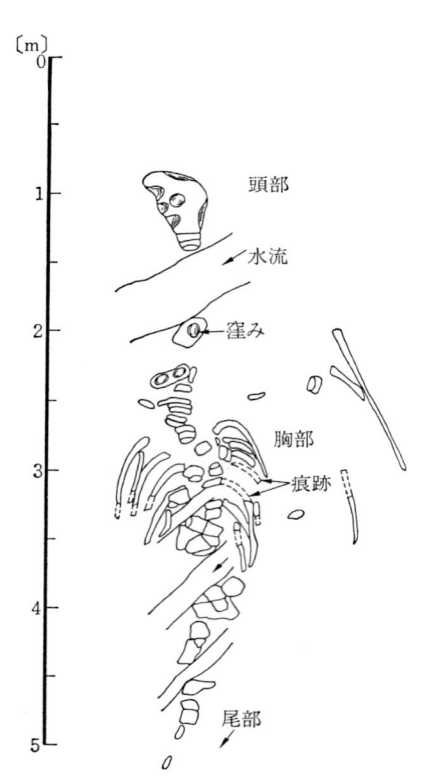

図 25-5　クジラ化石産状概測図（初版より）

25. 津山市内 —中新世の化石— 169

発掘され，現在は「つやま自然のふしぎ館」に貴重な資料として展示されています。このように，ホタテ貝，カキ，クジラの化石が産出することは，かつて津山地区が海であった証拠です。この付近をクジラやサメが泳いでいた風景を想像するだけでも楽しいものです。それにしても，この大発見のきっかけが中学生であったとは，大変素晴らしいことではありませんか。

小田中のミオジプシナ（D）（東経133°59′21″，北緯35°04′05″）

今度は街並みを通り抜けて，ここより北東にある新生代新第三紀層（勝田層群吉野層に相当）を調べてみましょう。先ほどの新境橋を北に進み，新境橋北詰の信号を右折して津山城跡方面に約1.2 km進みます。西寺町北の信号を左折して小田中にある変電所の前にある道を北に約600 m進むと，中国自動車道の上に架かる笠松橋があります。この橋を渡るとすぐ，道路の左右に灰色をした切り割りがあります。

ここの露頭の下部には，角が取れて丸くなった小豆大から大豆大の礫からなる固い礫岩層があり，その上に厚い所で約10 mの砂岩層がのっています。その二つの層の境が少し傾斜しているように見えるので，クリノメーターで測定したところ，走向はN10°E，傾斜は10°Eとなっていました。

砂岩層を注意深く観察してみましょう。少量の植物の葉の化石が発見できます。さらにもっとよく見ると，部分的には集中していますが，直径約3 mmの皿形をした白い物がほぼまんべんなく入っていることに気付くでしょう。これは，ミオジプシナという有孔虫の化石です（図25-6）。ミオジプシナは，堆積物が新生代新第三紀のものであることの証拠となる化石（示準化石）であるとともに，暖海に住んでいた原生動物の一種（示相化石）でもあります。したがって，この地層が堆積した時代は約1 600万年前で，この付近は比較的暖かい海域であったと考えられます。

図25-6 小田中のミオジプシナ

皿川のビカリア（E）　（東経133°58′03″，北緯35°02′19″）

津山駅から国道53号線を岡山方面に約4km進むと、右側に佐良山小学校が見えてきます。この小学校を通り過ぎ、つぎに皿川に架かっている橋が新高尾橋です。

1998（平成10）年台風10号の大雨で皿川は氾濫し、護岸が崩れました。現在の新高尾橋が架かっている辺りには当時、新生代新第三紀層（勝田層群吉野層に相当）が露出し、中新世の代表的な示準化石として有名な貝化石のビカリアが1,000以上採集されました。津山市内で最も大きなビカリアの群集といえます。現在は河川改修が終了し、河床に地層が露出しているところがある程度です（**図25-7**）。

図25-7　皿川の河床

皿川は南から北に向かって流れ、吉井川に合流します。皿川周辺の調査を行ってみると、当時の古流向も現在とほぼ同じであったことがわかります。新高尾橋周辺ではビカリア等が卓越した相を示し、下流ほどカキ等が卓越する相になり、続いて貝化石のアナダラ等が卓越する相に変わっていきます。このことは、汽水および沿岸域から沖合への変化を示し、北側に開かれた海域があったことをうかがわせます。この地点のビカリアは特に大きく、成長に適した環境があったこともうかがえます。

日上の河岸段丘（F）　（東経134°02′02″，北緯35°03′02″）

津山駅から、国道53号線を鳥取方面に約3km進み、東松原町の信号を過ぎたところ（中国電気工事前）で吉井川沿いの道に右折して入り、落合橋で加茂川を渡って約1.8km進むと、八幡神社の辺りに着きます。この辺りから吉井川を眺めると、この付近が小高い丘であることに気付くでしょう。かつてはお宮のすぐ下に礫層が露出していました。吉井川に架かる橋付近の道路まで下りてみましょう。

道路わきには、比較的よく角の取れた、大きさがこぶし大から人頭大のもの

が大部分を占める礫層が露出しています。礫の種類は，花崗岩が4分の1ほどで，ほかに安山岩や古生代の岩石などがあり，現在の河原の礫とよく似ています。

ここの特徴として，今まで見てきたものに比べて風化していないので，見る者に非常に新鮮な感じを与えることが挙げられます。この付近一帯は，新生代第四紀更新世のころの吉井川の河原の跡で，河岸段丘と呼ばれる地形をつくっています。土地が隆起すると川の傾斜が急になり，侵食作用が盛んになりますが，この隆起・侵食が繰り返されると前の河原の下に新しい河原がつくられて段状の地形ができあがります。これが河岸段丘です（**図25-8**）。吉井川の対岸からこの付近を見渡すと，同じ高さの所が水平に続いていることがよくわかります。段の

図25-8 日上の河岸段丘

数は，区画整理工事のためわかりにくくなっていますが，少なくとも2段はあります。

津山市を中心に，古生代・中生代・新生代のいろいろな地質を見てきました。これが，現在，同じような標高の位置にあったり，あるいは古い時代のものが新しい時代のものより高い位置に来ていたりすることもありました。長い地球の歴史の中で，どのようなことが起きてきたのでしょうか。今まで見てきた露頭の特徴を比較しながら，津山の土地のなりたちを推論し，まとめてみましょう。

（野﨑誠二）

参考文献
1) 市川正巳　監修（1983）：博学紀行岡山県，福武書店
2) 定森喜六（1979）：津山海の探検，津山科学教育博物館
3) 津山郷土博物館（1989）：津山産パレオパラドキシア化石産出調査報告，津山郷土博物館紀要，1

26. 津山東部 —三畳紀と新第三紀—

　津山盆地の東部には，標高 100 〜 200 m の平地が広く発達しています。基盤となる結晶片岩類がこの地域北西部の美作滝尾駅周辺に分布しています（**図 26-1**）。南西部の広野小学校周辺には三畳紀の砂岩層が分布し，貝化石モノチスを産出します。これらの基盤をおおって新第三紀中新世の砂岩泥岩層が分布しています。北の那岐山系のすそ野から広がる，おもに礫岩からなる日本原層が，広大な日本原台地を形成しています。

〔みどころ〕
① 田熊で三畳紀の貝化石を観察しましょう。
② 別所池の美作衝上断層を観察しましょう。
③ 綾部や塩手池の新第三紀の地層を観察しましょう。
④ なぎビカリアミュージアムを見学しましょう。

〔**地図**〕 2 万 5 千分の 1 地形図「津山東部」「楢」「日本原」

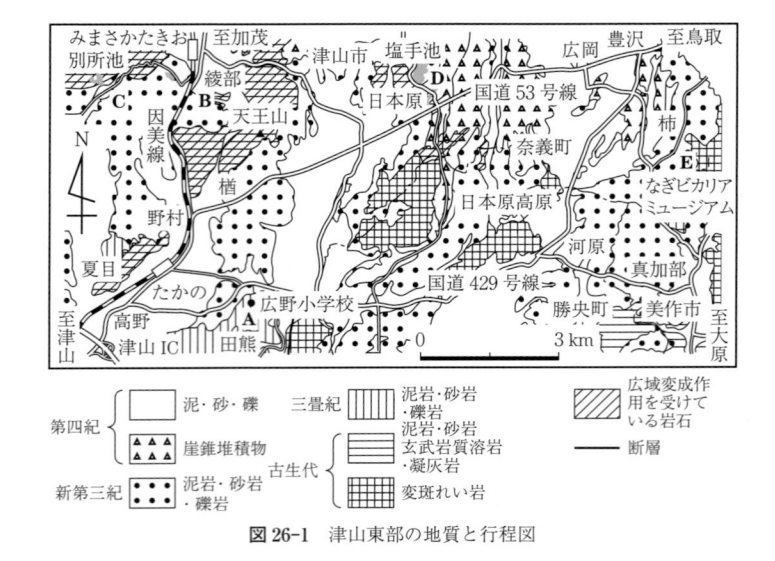

図 26-1 津山東部の地質と行程図

26. 津山東部 —三畳紀と新第三紀—

田熊の三畳紀層（A）（東経134°04′59″，北緯35°04′09″）

中国自動車道津山インターチェンジ付近から国道53号線を北に約1km進み，高野(たかの)交差点を東に曲がって国道429号線を美作市方面に約2km進みます。さらに南に曲がって約500m進み，広野小学校のそばにある池の付近まで行ってみましょう。津山駅の津山広域バスセンターから"ごんご勝北線"に乗り，広野小学校前で下車する方法もあります。

バス停のそばには，茶色の地肌を見せる小高い丘があります。この付近から中生代三畳紀の地層が見えてきます。広野小学校のそばにある池の東側の小道を少し進んでみましょう。ここに来るまでに同じような露頭がありましたが，新生代新第三紀層を見慣れた人には層理も見えず，茶色でしかも比較的固いので，どう考えてもこれが地層だとは思えなかったかもしれません。しかし，取り出した岩片を割ってみると，その内部には灰色をしたものがあります。表面が風化しているために茶色に見えていただけで，よく見ると細粒の砂岩であることがわかります。

この付近を掘ると，3～5cmくらいの扇を広げたような二枚貝の化石がたくさん産出します。この化石は，時代が古いので貝殻がなくなってその形しか産出しませんが，海生のモノチスという中生代三畳紀の示準化石です。モノチスは，砂岩層の中にぎっしり詰まった状態で産出する特徴があるので，水流のやや強い砂質底に群生していたと考えられています。この化石を含む三畳紀層は，高野夏目(たかのなつめ)や津山城跡などに小範囲に分布しているだけです。いずれにせよ，津山周辺が中生代三畳紀にも海におおわれていた証拠です。

なお，化石は風化して壊れやすいので，綿にくるむなどして丁寧に取り扱いましょう。ほかの固い岩石と一緒にしておくと，帰るまでに壊れてしまうおそれもあります。

綾部の新第三紀層（B）（東経134°04′18″，北緯35°06′49″）

中国自動車道津山インターチェンジから国道53号線を鳥取方面へ約3km進みます。野村(むら)の交差点で左折し，加茂(かも)方面の県道に入って約3.2km進み，綾部神社につながる道に右折してから100m進みます。または，JR因美線，美作滝尾駅から県道を南に約1km歩きます。

ここには，勝田(かつた)層群高倉(たかくら)層の下部に相当する塊状泥岩～泥岩優勢な互層の大

露頭があります（**図 26-2**）。外洋生態環境を示す浮遊性有孔虫や珪藻等の微化石，半深海である貝化石などの動物群などから，塩分濃度の高い，かなり深い外洋であったと考えられます。30〜40 cm の層厚の凝灰岩層も 2 本確認できます。

図 26-2 綾部の新第三紀層

この露頭を追跡して谷を下っていくと，下位の吉野層に相当する地層を観察することもできます。基盤の直上では基底礫や赤色土が観察でき，吉野層下部から高倉層上部まで全層厚 40 m 以上の層序を連続して確認できる貴重な露頭です。

別所池の美作衝上断層（C）　（東経 134°03′03″，北緯 35°06′58″）

綾部の露頭（地点 B）から県道に戻り，再び加茂方面に約 300 m 北上すると，西側に分かれ道があります。この道に入り，JR 因美線を越してすぐに南へ曲がり，約 300 m 進むと交差点があります。西に曲がり，最も大きな道を進みます。約 2.5 km 進むと北側の山裾に別所池の堤防が見えるので，車でその上まで上がります。堤防の東側の端（車を停めたところ）に岩壁があります（**図 26-3**）。

図 26-3 別所池の美作衝上断層

この露頭を見ると，まず円磨度のよい巨礫〜大礫が上下方向に並んでいることに気付きます。北側は結晶片岩の露頭となり，それらの境界は北に 60°の傾斜になっている明らかな面です。これは，河合正虎（1957）の美作衝上断層が現れている地点と考えられています。

26. 津山東部 ―三畳紀と新第三紀―　175

礫岩層の傾きや断層の存在は，ダイナミックな大地の変動を感じさせます。

塩手池の新第三紀層（D）　（東経 134°07′35″，北緯 35°06′57″）

中国自動車道津山インターチェンジから国道 53 号線を鳥取方面へ約 10 km，日本原交差点を左折して 600 m 進みます。日本原交差点までは，津山駅から中鉄北部バス馬桑・行方線で日本原バス停で下車します。

この池では，周囲 4 km にわたって新生代新第三紀層を観察することができます。東側には勝田層群高倉層の下部の泥岩層が露出し，粘土鉱物化した層厚 1.5 m の凝灰岩層があります（図 26-4）。西側では勝田層群吉野層の下部の礫岩層から高倉層の下部の泥岩層まで観察できます。

図 26-4　塩手池の新第三紀層

西側の高倉層泥岩中からは，熱帯〜亜熱帯気候を示すモクマオウ科とヤシ科の大型植物化石の産出があったことが 2008（平成 20）年に報告されています。

なぎビカリアミュージアム（E）
（東経 134°11′13″，北緯 35°06′04″）

塩手池から国道 53 号線に戻り，鳥取方面へ約 4 km 進みます。豊沢交差点から南に約 3 km 進むと，「なぎビカリアミュージアム」に着きます。

ここには，周辺で発見された新第三紀中新世の貝化石が多数展示されていま

図 26-5　ビカリアの産状　　　図 26-6　化石発掘体験

す。実際の露頭も保存されていて、化石の産状がわかるようになっています（**図 26-5**）。また、実際に化石を発掘する体験もできます（**図 26-6**）。発掘体験のできる施設はごく限られています。ぜひ体験して立派な化石を見つけましょう。

(野﨑誠二・大月史郎・土居幸宏・福島　滋)

参 考 文 献

1) 河合正虎（1952）：津山東部図幅の地質と衝上断層について，地質学雑誌，**58**，p.289
2) 河合正虎（1957）：5万分の1地質図幅，津山東部および同説明書，地質調査書
3) Tai, Y. (1959)：Miocene Microbiostratigraphy of West Honshu, Japan, *J. Sci. Hiroshima Univ., ser. C*, **2**, pp.265-395
4) Saito, T. (1963)：Miocene Planktonic Foraminifera from Honshu, Japan, *Sci. Rept. Tohoku Univ., ser. Geol.*, **35**, pp.123-209
5) 伊奈治行・氏原　温・市原　俊（2008）：岡山県の中新統勝田層群高倉層からのCasuarina（モクマオウ属，モクマオウ科）およびLivistona（ビロウ属，ヤシ科）の発見，豊橋市自然史博物館研究報告，**18**，pp.17-20
6) 渡辺真人・三宅　誠・野﨑誠二・山本裕雄・竹村厚司・西村年晴（1999）：岡山県高山市地域の備北層群，および津山地域勝田層群から産出した中新世珪藻化石，地質学雑誌，**105**，pp.116-121
7) Taguchi, E. (2002)：Stratigraphy, molluscan fauna and paleoenvironment of the Miocene Katsuta Group in Okayama Prefecture, Southwest Japan, *Bulletin of Mizunami Fossil Museum*, **22**, pp.95-133
8) 山野井徹（1980）：西南日本の中新統中部から発見されたマングローブ林植物について，地質学雑誌，**86**，pp.635-638

27. 周匝(すさい)〜柵原(やなはら) —鉱山の町—

　この地域の基盤となっている岩石はペルム紀の舞鶴層群に属する地層と，その地層の中に迸入(へいにゅう)した夜久野迸入岩類と呼ばれている火成岩からなっています（**図 27-1**）。これらの基盤岩類を不整合におおって三畳紀の福本層群の地層が分布し，それらの上を広い範囲にわたって流紋岩質の火山岩がおおってい

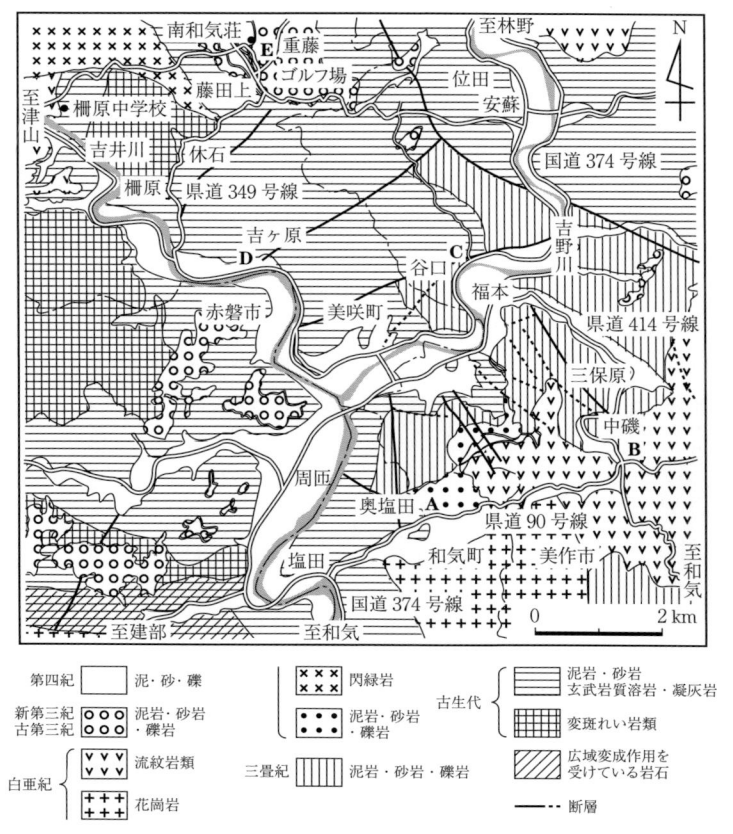

図 27-1 周匝〜柵原周辺の地質と行程図

す。これらの岩石の上には，新生代の地層が点々と分布しています。

〔みどころ〕
① 奥塩田の硯石層を観察しましょう。
② 谷口の三畳紀の地層を観察しましょう。
③ 柵原鉱山について学びましょう。
④ 藤田の新第三紀・古第三紀の地層を観察しましょう。

〔地図〕 2万5千分の1地形図「周匝」「柵原」「日笠」「林野」

奥塩田の硯石層（A） （東経 134°06′50″，北緯 34°54′28″）

和気インターチェンジから国道374号線を吉井川に沿って北に向かいます。和気町塩田から県道90号線を北東に向かいます。約2km進むと奥塩田に着きます。道沿いの崖は金網でおおわれていますが，ところどころ岩石を見ることができます。この辺りには，白亜紀の硯石層に属する泥岩が分布しています。この層からはカイエビの化石が見つかったことがあります。

さらに進むと流紋岩質凝灰岩が観察できるようになります。

中磯礫岩（B） （東経 134°08′37″，北緯 34°55′03″）

奥塩田から県道90号線をさらに進むと，美作市中磯に着きます。中磯から県道414号線を北に進みます。家並が途切れた所の露頭に礫岩が露出しています（図27-2）。この礫岩は中磯礫岩層と呼ばれ，三畳紀前期〜中期の福本層群を不整合におおっています。化石を産出しないためはっきりした時代はわかりませんが，岩相などから三畳紀後期のものと考えられています。

図27-2 中磯礫岩

礫の形や大きさ，礫を作っている岩石の種類を観察してみましょう。

谷口の三畳紀貝化石（C） （東経 134°07′05″，北緯 34°56′36″）

中磯から県道414号線を北に進みます。中磯礫岩層はすぐに観察できなくなり，代わりに福本層群の細粒砂岩層が露出しています。この辺りから吉野川に

27. 周匝〜柵原 —鉱山の町— 179

至る間には、かつて三畳紀の貝化石が多数見つかっています。

吉野川を渡り、下流に約300m進んだ所の民家のそばに砂岩層が露出しています。この層には、小規模ですが二枚貝の化石床が見られます（**図27-3**）。貝殻の部分は完全になくなっていて、その跡が貝の形のすき間となって見えています。

図27-3 砂岩層中の化石床

柵原鉱山資料館（D）（東経134°04′57″、北緯34°56′37″）

地点Cから吉野川に沿って南に約3km進むと、柵原へ行く分かれ道があります。吉井川に沿って北に約4km進むと柵原鉱山資料館に着きます（**図27-4**）。柵原鉱山は現在は閉山していますが、かつては東洋一を誇る硫化鉄鉱の鉱床でした。

今から約400年前の慶長年間に津山城築城のための石材を集めているとき、偶然に褐鉄鉱（かってっこう）の露頭が発見されたことが柵原鉱山発見のきっかけになったといわれています。その後、明治に入ってから次々と新しい鉱床が発見され、1931（昭和6）年には鉱石運搬のための片上鉄道が柵原〜片上（備前市）間に全線開通し、片上港からは大量の鉱石が各地の工場へ送り出されました（**図27-5**）。54年には柵原鉱床の最大の鉱体である下部鉱床が発見され、61年には中央竪坑（たてこう）が完成して、月産6万トンを生産するまでになりました。

図27-4 柵原鉱山資料館

鉱石の最大の用途は硫酸の原料でしたが、1965（昭和40）年ころから輸入原油の精製が盛んになり、その際の副産物として採取される硫黄が硫酸製造に使われるようになってからは、鉱石の需要もしだいに縮小し、1991（平成3）年3月に閉山、同6月には片上鉄道も廃止されました。

鉱体は古生代中・上部ペルム紀の舞鶴層群の地層の中にはさまれている流紋

180　Ⅱ．岡山県の地学めぐり

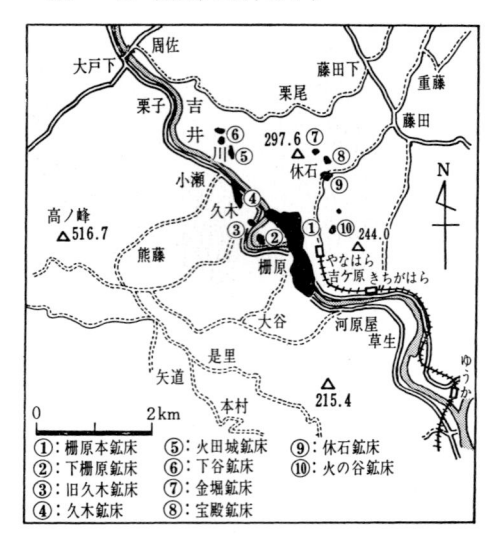

図 27-5 柵原鉱床分布図（初版より）

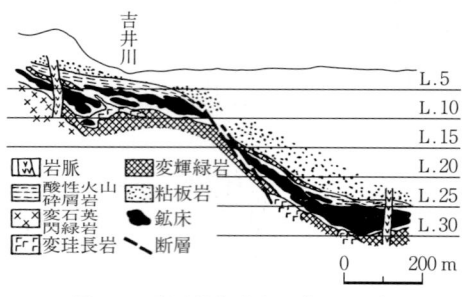

① 柵原本鉱床　⑤ 火田城鉱床　⑨ 休石鉱床
② 下柵原鉱床　⑥ 下谷鉱床　　⑩ 火の谷鉱床
③ 旧久木鉱床　⑦ 金堀鉱床
④ 久木鉱床　　⑧ 宝殿鉱床

図 27-6 柵原鉱床断面図（初版より）

岩脈／酸性火山砕屑岩／変石英閃緑岩／変珪長岩／変輝緑岩／粘板岩／鉱床／断層

岩質の火砕岩の中に存在し、黄鉄鉱を主とした塊状またはレンズ状の鉱体からなっています。鉱体は中央に北から第1、第2、第3、下部鉱体からなる柵原鉱体の本鉱体が連なり、その東側に北から高取（たかとり）、金堀（かなぼり）、宝殿（でん）、休石（やすみいし）、火の谷（ひのたに）の鉱体群、西側には北から下谷（しもたに）、火田城（ひだしろ）、久木（ひさぎ）、旧久木、下柵原などの鉱体群がほぼ平行に並んでいます。

深部鉱体は下部鉱体の延長に見られます。**図 27-6** は柵原鉱床の断面の一部（下部・第3鉱体）で、全体としては最上部から最下部の差が約 600 m（海抜 200 m～海面下 400 m）に及ぶ大きなものです。鉱床はできた後に何回かの褶曲運動によって変形し、鉱石も白亜紀末の花崗岩類の貫入による接触変成作用を受けて、鉱床の周縁部の一部や脈岩の接触部が磁硫鉄鉱に変化しています。なお、鉱床の成因についてはまだはっきりしたことはわかっていません。

1998（平成 10）年に片上鉄道の吉ヶ原駅舎と操車場跡に「柵原ふれあい鉱山公園」がオープンしました。吉ヶ原（きちがはら）駅舎は当時のままで、片上鉄道で使用されていた貨車も保存されています（**図 27-7**）。敷地内にある柵原鉱山資料館には、地下 400 m で採掘作業を再現した資料室や鉱山の町として栄えていた当

時の様子を体感できるようになっています。

　片上鉄道跡は現在，自転車道路として整備されています。自転車で片上鉄道の名残を探すのもおもしろいでしょう。道路沿いには露頭もかなり見られます。どのような岩石があるか機会があれば調べてみましょう。

図27-7　吉ヶ原駅舎

藤田の新第三紀層・古第三紀層（E）

（東経134°05′06″，北緯34°58′26″）

図27-8　藤田の礫岩層

　柵原から県道349号線を北に約3.5km進むと，藤田上に着きます。ここにはゴルフ場があり，その周囲には礫岩層が分布しています。部分的に砂岩層や亜炭層をはさんでいます。重藤付近の砂岩層からはビカリアの化石が見つかっています。この辺りの砂岩層を調べてみましょう。化石を見つけるのは難しいですが，根気強く探してみましょう。「南和気荘」の上にあるグラウンドには礫岩層が露出しています（**図27-8**）。含まれる礫の種類や大きさ，形を調べてみましょう。

（西谷知久・*佐藤禎秀・光野千春*）

参考文献
1) 中澤圭二・志岐常正・清水大吉郎（1954）：岡山縣英田郡福本附近の中・古生層：舞鶴地帯の層序と構造（その1），地質学雑誌，**60**，pp.97-105
2) 西村貢一（1990）：岡山県柵原東部地域におけるペルム系舞鶴層群の放散虫層序と構造，島根大学地質学研究報告，**9**，pp.65-84

28. 伊坂峠〜三石 —流紋岩類とロウ石—

備前焼の発祥(はっしょう)は鎌倉時代といわれ，備前市伊部(いんべ)の町を訪れると赤レンガの

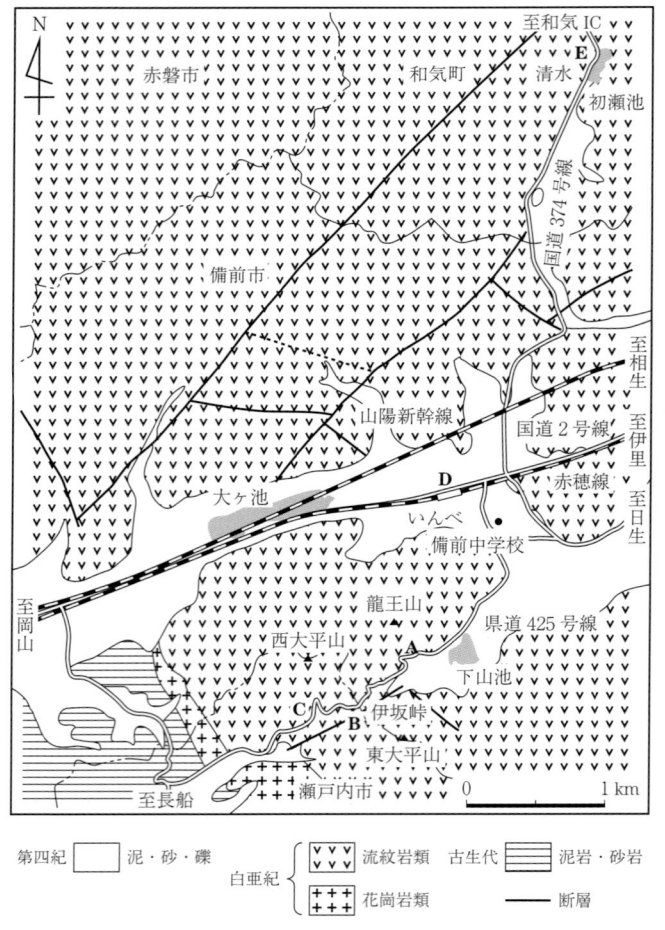

図 28-1 伊坂峠周辺の地質と行程図

28. 伊坂峠〜三石 —流紋岩類とロウ石— 183

煙突など風情のある光景が広がっています。

　伊坂峠〜三石の大部分は白亜紀の流紋岩質凝灰岩や溶岩によっておおわれています（**図28-1**）。しかし，はっきり火山とわかるような地形は残っていません。はっきりした火口も確認できていませんが，流紋岩質凝灰岩や溶岩の分布から，和気駅付近が火口ではないかと考えられています。

　流紋岩中には多数のロウ石鉱床が形成され，現在でも採掘されています。

〔**みどころ**〕

① 伊坂峠の流紋岩類と泥岩層を観察しましょう。
② 備前焼を見学しましょう。
③ 清水の流紋岩を観察しましょう。

〔**地図**〕 2万5千分の1地形図「片上」「和気」

流紋岩質凝灰岩（A）　（東経134°09′22″，北緯34°43′27″）

　伊部駅から備前中学校前を通り，県道425号線沿いを伊坂峠に向かいます。現在では道路の改修により以前あった露頭も見えなくなっています。参考のために初版の伊坂峠のルートマップを載せています（**図28-2**）。

　地点Aには流紋岩質の岩屑凝灰岩が見られます（**図28-3**）。これらは粗粒の凝灰岩の中に各種の礫を含むもので，層理ははっきりしていません。ここではまず，礫となっている岩石が溶岩と同じものか，異なる種類のものかを調べて

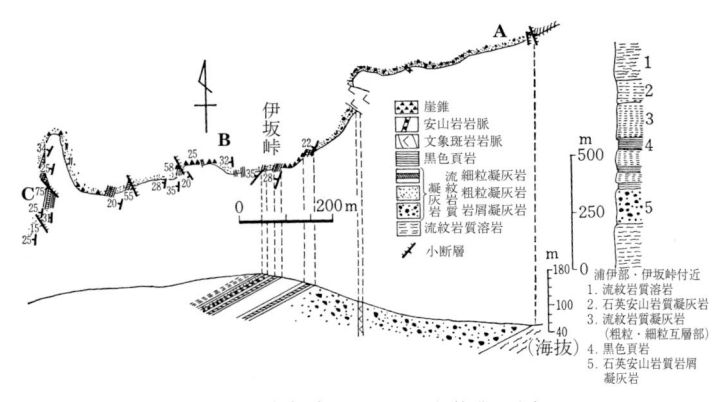

図28-2　伊坂峠ルートマップ（初版より）

図 28-3 岩屑凝灰岩

みましょう。礫が異なる種類のものがあれば、それらは火山活動の際に、すでにあった周囲の岩石が破壊されたものでしょう。

つぎに礫の大きさや形を調べてみましょう。大きさが同じぐらいのものばかりなのか、大小入り混じっているのかです。大きさがそろっている場合は、流水などの影響を受けているはずですし、形も丸みを帯びているでしょう。逆に不ぞろいであれば、吹き飛ばされたものがそのままその周囲に落下したと考えられ、礫は角張ったまま堆積するでしょう。

凝灰岩互層 (B) (東経 134° 09′ 09″, 北緯 34° 43′ 19″)

伊坂峠の頂上から少し下った所に粗粒や細粒の凝灰岩の互層が見られます（図28-4）。層理面もはっきりしているので、クリノメーターで走向・傾斜を測定してみましょう。肉眼でも凝灰岩中の粒度変化の様子がわかるので観察してみましょう。

図 28-4 伊坂峠の凝灰岩互層

採石場跡 (C) (東経 134° 08′ 55″, 北緯 34° 43′ 16″)

伊坂峠から下りる途中に採石場跡があります。ここでは凝灰岩層の間に泥岩層がはさまれています（図28-5）。部分的に炭質の所があります。この辺りの泥岩層からは、植物化石が発見されたことがあります。

図 28-5 凝灰岩層中の泥岩層

28. 伊坂峠～三石 —流紋岩類とロウ石— 185

備前焼（D） （東経 134° 09′ 38″，北緯 34° 44′ 20″）

　伊部駅舎の2階には「備前焼伝承産業会館」があり，伊部の観光案内と備前焼の展示即売が行われています。時間があれば，伊部駅前周辺も歩いてみましょう。赤レンガでできた煙突や備前焼のギャラリーを見学してみるのもおもしろいでしょう。

　伊部周辺には，第四紀洪積世に堆積したと考えられる粘土層や砂礫層がほぼ水平に堆積しています。この中の粘土が備前焼の原料として用いられています。

清水の流紋岩（E） （東経 134° 10′ 28″，北緯 34° 46′ 34″）

　伊部駅から国道374号線を和気町方面に進みます。約5km進むと道路の東側に初瀬池があり，西側に崖があります。この崖は道路工事跡で，新鮮な露頭があり，比較的容易に流紋岩の標本を採集することができます（図28-6）。

　流紋岩は珪酸分に富む火山岩です。珪酸分が多いと溶岩は粘性に富み，火口から一気に流れ出すこともなく，ほぼ固結しかけた状態で火口から盛り上がって出現してきます。

図28-6　清水の流紋岩

マグマがゆっくりと流動した後が，岩石中に波打った縞模様として残されることがあります。これを流理構造といいます。流紋岩の名称はこの流理構造をもとにして付けられたものです。しかし，この構造はすべての流紋岩に見られるものではなく，むしろ明瞭でないのが一般的です。

　ここの流紋岩は灰白色で，流紋岩特有の流理構造がよく見えます。灰色半透明の石英や白色の正長石などの斑晶もよく観察され，溶岩の特性がよくわかります。

三石のロウ石鉱山（F） （東経 134° 15′ 55″，北緯 34° 47′ 58″）

　伊部駅から国道2号線を兵庫県方面へ進みます。備前インターチェンジ（IC）

を過ぎると、三石に着きます。この辺りの山肌は広く削られています。

三石は日本でも有数のロウ石の産出地です。ロウ石とはパイロフィライトとかカオリナイトといった鉱物を成分とする鉱石の総称です。手で触ると、つるつるとしたロウ感があります。この地域に産出するロウ石のある種のものは石筆石(せきひつせき)とも呼ばれるように、かつて明治から大正期にかけて、石盤(せきばん)（スレートなど）に文字や絵などを書くのに使われた石筆として最初に用いられたことで有名です。現在では溶鉱炉(ようこうろ)などをつくる耐火煉瓦(れんが)やモルタル、ガラスを溶かすのに用いるルツボ、各種の陶磁器、クレーなどをつくる原料として使われています。

三石地域には流紋岩質の火山岩類が広く分布しています。ロウ石鉱床の特徴は、これらの地層中の石英安山岩質の岩屑凝灰岩のすぐ下位、または上位にある流紋岩質の火山岩の中に生成していることです（図28-7）。流紋岩質の火山岩からどのようにしてロウ石鉱床ができたのか、詳しいことはまだわかっていませんが、もとの流紋岩質の火山岩が生成したときから、すでに鉱床のできやすい条件が整い、さらに水の作用や、後の火成岩の貫入などの影響も加わって生成されたのでしょう。

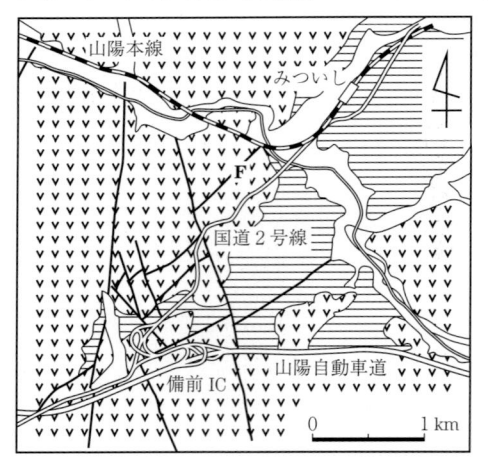

図28-7 三石周辺の地質と行程図

三石周辺にはいくつかのロウ石鉱山があります。機会があれば訪れて、ロウ石鉱山を見学してみましょう。　　　　　　　　　（西谷知久・佐藤禎秀・光野千春）

参 考 文 献
1) 光野千春（1991）：私と野外地質学，光野千春先生御退官記念誌.

29. 前島 —古第三紀層—

　前島は瀬戸内市牛窓町沖に浮かぶ周囲約 10 km の島です。牛窓港から約 30 分おきにフェリーが出ていて，約 5 分で前島に着きます。東西に細長く，島の西側に家屋が集中しています。東側の標高が最も高く，136.5 m あります。

　花崗岩を基盤にして，島西部に礫岩砂岩層が分布しています（**図 29-1**）。この礫岩砂岩層は前島層と呼ばれ，貝化石を多産します。以前は，貝化石の種類から岡山県北部に分布する勝田層群や備北層群と同じく新第三紀中新世の地層と考えられてきました。瀬戸内海沿岸には前島層と同じように貝化石を産出する地層があり，従来は中新世の地層と考えられてきました。しかし，最近の研究により，井原市浪形層はサメの歯化石から，児島湾地下の地層は渦鞭毛藻化石から古第三紀のものであると考えられるようになってきました。前島の地層もアーカという二枚貝の化石から古第三紀のものと考えられます。

　観察地点の近くまでは自動車で行くことができますが，島内の道は狭いので，通行には十分注意しましょう。フェリー乗り場にはレンタサイクルもあるので，自転車で島内を回るのもよいでしょう。なお，観察地点までの道のりに

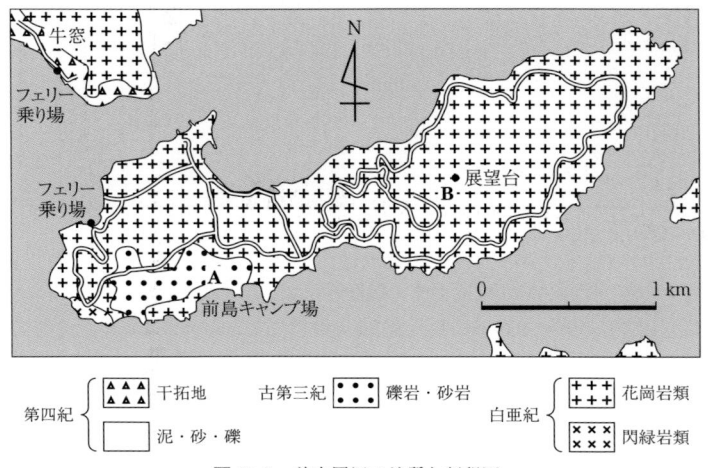

図 29-1 前島周辺の地質と行程図

は多くの坂があります。

〔みどころ〕
① 前島層中の古第三紀の化石を観察しましょう。
② 花崗岩と前島層の不整合を観察しましょう。
③ 大坂城築城残石群を見学しましょう。

〔地図〕 2万5千分の1地形図「牛窓」

前島キャンプ場（A） （東経134°10′23″，北緯34°36′14″）

フェリー乗り場から前島海水キャンプ場へ向かいます。この露頭は，キャンプ場の海岸で見ることができます。砂浜の両側では，白亜紀の花崗岩の上に古第三紀の礫岩や砂岩がほぼ水平に不整合で重なっている様子が観察できます（**図29-2**）。

礫岩は巨礫サイズで，円礫のものも見られます。砂岩層や礫岩層中にはたくさんの貝化石のほかフジツボやカメノテの化石もあり，ほとんど化石ばかりからできているところもあります。貝化石がたくさんある砂岩層には，甲殻類の巣穴と見られる生痕化石が観察できます（**図29-3**）。

図29-2 前島層と花崗岩の不整合　　　**図29-3** 生痕化石

侵食の違いで巣穴の形を立体的に観察することもできます。不整合からは，花崗岩が侵食されてその上に海の地層が堆積したことがわかります。貝化石や生痕化石からは，海岸近くで貝が堆積した様子やそこで生活していた甲殻類の様子を想像することができます。崖の化石は貴重なので観察だけにしましょう。大きな転石の中にも数多くの化石がありますので，ここで採集しましょう。

大坂城築城残石群（B）（東経134°11′17″, 北緯34°36′31″）

前島海水キャンプ場から東へ進みます。案内板を見ながら展望台へ向かいましょう。坂を登り切った所に小さな駐車スペースがあります。ここから歩いて数分で，大坂城築城残石群に着きます（**図29-4**）。

江戸時代初期の1620年代には，大坂城を再建するためにその石垣に使われる石材が各地から切り出されました。前島もその一つで，石切丁場の遺跡が残っています。島内には四か所の石切丁場が確認されています。残石には刻印がされているものがあり，大坂城の石垣にあるものと同じものを確認できます。ここから歩いて数分で展望台に着きます。この展望台からは南に小豆島が，北には牛窓の町が見通せます（**図29-5**）。　　　　　（山口一裕・西谷知久）

図29-4　大坂城築城残石群　　　　　**図29-5**　牛窓方面を望む

参 考 文 献

1) 栗田裕司・瀬戸浩二・山本裕雄・鈴木茂之（2002）：岡山県児島湾地下に分布する第三系から産出した始新世渦鞭毛藻化石群集，日本古生物学会第151回例会予稿集，42
2) 田中　元・鈴木茂之・宝谷　周・山本裕雄・檀原　徹（2003）：吉備高原周辺の古第三系に関する最近の知見とその古地理学的意義，岡山大学地球科学研究報告，**10**，pp.15-22
3) 野村真一・近藤康生・坂倉範彦・山口寿之（2004）：岡山県前島の古第三系前島層から産出したミョウガガイ科が卓越する蔓脚類化石群とその進化古生態学的意義，高知大学学術研究報告　自然科学編，**53**，pp.1-19
4) Matsubara, T.（2002）：Molluscan fauna of the "Miocene" Maejima Formation in Maejima Island, Okayama Prefecture, southwest Japan, *Paleontological Research*, **6**, pp.127-145
5) 松原尚志・平松　力・鈴木茂之・田中　元（2004）：岡山県倉敷市における海成古第三系の発見とその意義，日本古生物学会2004年年会予稿集，94

III. 岡山県の地学関係資料

§1. おもな鉱物

　岡山県では金属資源となる鉱石鉱物，耐火材料となるロウ石鉱物，放射性元素を含んだウラン鉱物，火成岩と石灰岩との接触部にできるスカルン鉱物など，たくさんの種類の鉱物が産出します。現在までに知られているものは約200種に及びます。この中には，世界で初めて発見された新鉱物も16種あり，岡山県の地名や人名にちなんだ名称が付けられています。新鉱物の多くは高梁市備中町布賀(ふか)で発見されています。

　ここでは，新鉱物の説明と，代表的な鉱物について産出したおもな鉱山や産地を紹介します。ただし，ほとんどの鉱山が閉山していて，鉱物採集は難しくなっています。なお，貴重な鉱物が多いので，むやみに採集しないで大切にしましょう。

(1) 岡山県産の新鉱物

① 人形石 (Ningyoite) $(CaU(PO_4)_2 \cdot 1 \sim 2\,H_2O)$

　苫田郡鏡野町の人形峠ウラン鉱山で発見され，原子力燃料公社の武藤正氏によって1959（昭和34）年に初めて報告されました。最初の産地は鳥取県側でした。人形石はウランを主成分に含むリン酸塩鉱物で，堆積鉱床の非酸化帯にある砂や礫の間や表面に黒色の粉状あるいは微小結晶集合体として産出します。「人形石」の名称は，人形峠の地名にちなんで付けられました。空気や地下水に触れやすい地表近くの酸化帯では，人形石は二次鉱物の燐灰ウラン石に変わっています。

② 褐錫鉱(かっしゃくこう) (Stannoidite) $(Cu_8(Fe, Zn)_3Sn_2S_{12})$

　美作市（旧作東町）金生鉱山で発見され，国立科学博物館の加藤昭氏によって1969（昭和44）年に報告されました。黄錫鉱（stannite）と性質が似ているためにこの名が付けられました。

③ 備中石 (Bicchulite) $(Ca_2Al_2SiO_6 \cdot (OH)_2)$

　高梁市備中町布賀の石灰岩と火成岩の接触部にできたスカルンの中から発見

されました。岡山大学の逸見吉之助氏によって命名され，岡山大学の逸見千代子氏らによって 1973（昭和 48）年に報告されたものです。備中石は，ゲーレン石という鉱物が交代変質により水が加わってできたもので，肉眼では識別しにくい目立たない鉱物です。発見場所の町名にちなんで名付けられました。

④ 布賀石（Fukalite）（$Ca_4Si_2O_6(CO_3)(OH, F)_2$）

高梁市備中町布賀のスカルン中から発見され，逸見千代子氏らによって 1977（昭和 52）年に報告されました。スパー石が交代変質を受けた部分に産出します。発見場所の地名にちなんで名付けられました。井原市芳井町三原鉱山からも発見されています。

⑤ 三原鉱（Miharaite）（$Cu_4FePbBiS_6$）

井原市芳井町三原鉱山で発見され，東北大学の菅木浅彦氏らによって 1980（昭和 55）年に報告されました。銅，鉄，ビスマスを含む硫化鉱物で，黄銅鉱，方鉛鉱，ウイチヘン鉱などと共生して，斑銅鉱の中に産出します。発見場所の鉱山名にちなんで名付けられました。

⑥ 大江石（Oyelite）（$Ca_{10}B_2Si_8O_{29}\cdot 12.5\,H_2O$）

高梁市備中町布賀で発見され，岡山大学の草地功氏らによって 1980 年に報告されました。名称は岡山大学の鉱物学者，大江二郎氏にちなみます。ゲーレン石やスパー石のスカルンを切る脈の中に針状結晶の集合体として産します。

⑦ ソーダ魚眼石（Natroapophyllite）（$NaCa_4Si_8O_{20}F\cdot 8\,H_2O$）

高梁市川上町山宝鉱山で発見され，秋田大学の松枝大治氏らによって 1981（昭和 56）年に報告されました。カリウムよりナトリウムが多く，それまでの魚眼石が正方晶系であるのに対し，ソーダ魚眼石は斜方晶系に属します。ナトリウムに富む魚眼石であることにちなんで名付けられました。

⑧ 逸見石（Henmilite）（$Ca_2Cu(OH)_4[B(OH)_4]_2$）

高梁市備中町布賀で発見され，筑波大学の中井泉氏らによって 1986（昭和 61）年に報告されました。ゲーレン石・スパー石スカルンと石灰岩との境界部に発達する方解石脈中の晶洞中に青紫色の自形結晶で産出しました。岡山大学の逸見吉之助氏，逸見千代子氏にちなんで名付けられました。

⑨ 単斜トベルモリ石（Clinotobermorite）（$Ca_5Si_6(O, OH)_{18}\cdot 5\,H_2O$）

高梁市備中町布賀産のトベルモリ石の再検討により，岡山大学の逸見千代子氏，草地功氏によって 1992（平成 4）年に報告されました。方解石，魚眼石と

共生し，板状結晶として産します。通常のトベルモリ石が斜方晶系であるのに対し，このトベルモリ石は単斜晶系であることから名付けられました。

⑩ 草地鉱（Kusachiite）（$CuBi_2O_4$）

高梁市備中布賀で発見され，逸見千代子氏によって 1995（平成 7）年に報告されました。銅とビスマスの酸化鉱物で，ゲーレン石とスパー石のスカルンと石灰岩の間の方解石脈中に産します。岡山大学の草地功氏にちなんで名付けられました。

⑪ 森本柘榴石（Morimotoite）（$Ca_3TiFe^{2+}Si_3O_{12}$）

高梁市備中町布賀で発見され，逸見千代子氏らによって 1995 年に報告されました。鉱物学者の森本信男氏にちなんで名付けられました。

⑫ 武田石（Takedaite）（$Ca_3(BO_3)_2$）

高梁市備中布賀で発見され，草地功氏らによって 1995 年に報告されました。石灰岩とスカルンの境界部のホウ酸塩鉱物脈中に産します。岡山大学出身の武田弘氏（東京大学名誉教授）にちなんで名付けられました。

⑬ 岡山石（Okayamalite）（$Ca_2B_2SiO_7$）

高梁市備中町布賀で発見され，国立科学博物館の松原聰氏らによって 1998（平成 10）年に報告されました。ゲーレン石のアルミニウムをホウ素が置換したもので，岡山県にちなんで名付けられました。

⑭ パラシベリア石（Parasibirskite）（$Ca_2B_2O_5 \cdot H_2O$）

高梁市備中町布賀で発見され，草地功氏らによって 1998 年に報告されました。シベリア石とは粉末 X 線回折パターンが異なり，同質二像関係にあります。武田石の熱水変質鉱物と考えられています。

⑮ プロト直閃石（Protoanthophyllite）（$(Mg, Fe)_7Si_8O_{22}(OH)_2$）

新見市高瀬鉱山で発見され，小西博巳氏らによって 2003（平成 15）年に報告されました。

⑯ 沼野石（Numanoite）（$Ca_4CuB_4O_6(OH)_6(CO_3)_2$）

高梁市備中町布賀で発見され，岡山大学の大西政之氏らによって 2007（平成 19）年に報告されました。カルシウムと銅のホウ酸・炭酸塩鉱物で，ホウカイ石のマグネシウムを銅が置換した鉱物です。岡山大学の沼野忠之氏にちなんで名付けられました。

（2） おもな鉱物と産地

（産出量　◎多い，○少ない，△まれ）

鉱　物　名	結晶系	化 学 組 成	お　も　な　産　地	産出量
〔元素鉱物〕				
自　然　銅	等軸	Cu	吉岡鉱山，大笹鉱山	△
自　然　銀	等軸	Ag	金生鉱山，日笠鉱山	△
自　然　金	等軸	Au	日笠鉱山，伊里鉱山	△
自然ビスマス	三方	Bi	加茂鉱山，井原鉱山	○
セ キ ボ ク	六方	C	金川黒鉛鉱山，日の丸炭坑	△
〔硫化鉱物〕				
斑　銅　鉱	正方	Cu_5FeS_4	三原鉱山，伊茂岡鉱山	○
閃 亜 鉛 鉱	等軸	ZnS	柵原鉱山，瀬戸鉱山	◎
黄　銅　鉱	正方	$CuFeS_2$	吉岡鉱山，三原鉱山，伊田鉱山	◎
磁 硫 鉄 鉱	六方	$Fe_{1-x}S$	柵原鉱山，三原鉱山，吉岡鉱山	◎
方　鉛　鉱	等軸	PbS	柵原鉱山，瀬戸鉱山，小泉鉱山	◎
輝　安　鉱	斜方	Sb_2S_3	柵原鉱山，上建部鉱山	△
黄　鉄　鉱	等軸	FeS_2	柵原鉱山，金谷鉱山，竜山鉱山	◎
硫 砒 鉄 鉱	単斜	$FeAsS$	吉岡鉱山，小泉鉱山，梅木鉱山	◎
輝 水 鉛 鉱	六方	MoS_2	加茂鉱山，井原鉱山，三吉鉱山	◎
ウイチヘン鉱	斜方	Cu_3BiS_3	三原鉱山，羽出鉱山，伊茂岡鉱山	△
三　原　鉱	斜方	$Cu_4FePbBiS_6$	三原鉱山，伊茂岡鉱山	△
〔ハロゲン鉱物〕				
ホ タ ル 石	等軸	CaF_2	山宝鉱山，総社市清音軽部	○
〔酸化鉱物〕				
赤　銅　鉱	等軸	Cu_2O	岡山市南区剣山，大笹鉱山	△
磁　鉄　鉱	等軸	Fe_3O_4	柵原鉱山，金平鉱山，山宝鉱山	◎
クロム鉄鉱	等軸	$FeCr_2O_4$	高瀬鉱山，新見鉱山	◎
コランダム	三方	Al_2O_3	上建部鉱山	△
赤　鉄　鉱	三方	Fe_2O_3	伊茂岡鉱山，真庭市擬宝珠山	○
チタン鉄鉱	三方	$FeTiO_3$	倉敷市浅倉	○
錫　　　石	正方	SnO_2	庄鉱山，三吉鉱山	○
閃ウラン鉱	等軸	UO_2	人形峠鉱山，岡山市南区剣山	△
ギ プ ス 石	単斜	$Al(OH)_3$	三石ロウ石鉱山	○
ダイアスポラ	斜方	$AlOOH$	同上	○
褐　鉄　鉱	斜方	$FeOOH$	柵原鉱山，井原市美星町	◎
ベ ー ム 石	斜方	$AlOOH$	三石ロウ石鉱山	○

鉱 物 名	結晶系	化 学 組 成	お も な 産 地	産出量
〔炭酸塩鉱物〕				
マグネサイト	三方	$MgCO_3$	新見市大佐町刑部	○
方 解 石	三方	$CaCO_3$	山宝鉱山，金平鉱山，河本ダム	◎
ドロマイト	三方	$CaMg(CO_3)_2$	新見市法曽，御津町三明寺	○
アラレ石	斜方	$CaCO_3$	高瀬鉱山	△
藍 銅 鉱	単斜	$Cu(CO_3)_2(OH)_2$	三原鉱山，古都鉱山	○
クジャク石	単斜	$Cu_2CO_3(OH)_2$	同上	○
〔硫酸塩鉱物〕				
ミョウバン石	三方	$KAl(SO_4)_2(OH)_6$	三石ロウ石鉱山	○
リョクバン	単斜	$FeSO_4 \cdot 7H_2O$	柵原鉱山，吉岡鉱山，佐野鉱山	○
セッコウ	単斜	$CaSO_4 \cdot 2H_2O$	柵原鉱山，佐野鉱山	○
〔タングステン酸塩鉱物〕				
鉄マンガン重石	単斜	$(Fe, Mn)WO_4$	三吉鉱山，井原鉱山，加茂鉱山	◎
灰 重 石	正方	$CaWO_4$	山宝鉱山	△
〔リン酸塩・砒酸塩鉱物〕				
ゼノタイム	正方	YPO_4	鍋谷鉱山，加茂鉱山	○
モナズ石	単斜	$CePO_4$	同上	○
人 形 石	斜方	$CaU(PO_4)_2 \cdot 1 \sim 2H_2O$	人形峠鉱山	○
燐 灰 石	六方	$CaF(PO_4)_3$	火成岩中	○
燐銅ウラン石	正方	$Cu(UO_2)_2(PO_4)_2 \cdot 8 \sim 12H_2O$	岡山市南区剣山	△
燐灰ウラン石	正方	$Ca(UO_2)_2(PO_4)_2 \cdot 10 \sim 12H_2O$	人形峠鉱山	○
砒銅ウラン石	正方	$Cu(UO_2)_2(AsO_4)_2 \cdot 10 \sim 16H_2O$	三吉鉱山，大笹鉱山	△
〔珪酸塩鉱物〕				
苦土カンラン石	斜方	Mg_2SiO_4	新見市荒戸山，鏡野町男山	○
鉄カンラン石	斜方	Fe_2SiO_4	総社市清音三因	○
鉄バンザクロ石	等軸	$Fe_3Al_2(SiO_4)_3$	総社市延原	○
灰バンザクロ石	等軸	$Ca_3Al_2(SiO_4)_3$	高梁市備中町布賀	○
灰鉄ザクロ石	等軸	$Ca_3Fe_2(SiO_4)_3$	山宝鉱山，三原鉱山，佐野鉱山	◎
灰クロムザクロ石	等軸	$Ca_3Cr_2(SiO_4)_3$	高瀬鉱山	○
黒ザクロ石	等軸	$Ca_3(Fe, Ti)_2(SiO_4)_3$	高梁市備中町布賀	△
加水ザクロ石	等軸	$Ca_3Al_2((Si, H_4)O_4)_3$	高梁市備中町布賀，三原鉱山	○
ジルコン	正方	$ZrSiO_4$	鍋谷鉱山，加茂鉱山	○

§1. おもな鉱物

鉱物名	結晶系	化学組成	おもな産地	産出量
コフィン石	正方	$U(Si, H_4)O_4$	三吉鉱山，大笹鉱山，山宝鉱山	△
紅柱石	斜方	$Al_2O(SiO_4)$	庄鉱山，ホルンフェルス中	△
トパズ	斜方	$Al_2(SiO_4)(F, OH)_2$	三吉鉱山，井原鉱山	○
スパー石	単斜	$Ca_5CO_3(SiO_4)_2$	高梁市備中町布賀，三原鉱山	○
ヒレブランド石	単斜	$Ca_2(SiO_4)\cdot H_2O$	同上	○
ゲーレン石	正方	$Ca_2Al_2SiO_7$	同上	○
備中石	等軸	$Ca_2Al_2SiO_7\cdot H_2O$	同上	○
布賀石	斜方	$Ca_4CO_3Si_2O_6(OH)_2$	同上	△
テイレイ石	単斜	$Ca_5(CO_3)Si_2O_7$	同上	△
珪灰鉄鉱	斜方	$CaFe_2^{2+}Fe^{3+}Si_2O_8(OH)$	津田鉱山，山宝鉱山	○
緑れん石	単斜	(省略)	岡山市北区万成，奥津カオリン鉱山	○
褐れん石	単斜	(省略)	鍋谷鉱山，加茂鉱山，花崗岩中	○
ベスブ石	正方	(省略)	河本ダム周辺，佐野鉱山	◎
緑柱石	六方	$Be_3Al_2Si_6O_{18}$	三吉鉱山，総社市清音三因	△
電気石	三方	(省略)	総社市清音三因，総社市延原	△
普通輝石	単斜	(省略)	新見市荒戸山，火成岩中	◎
灰鉄輝石	単斜	$CaFe(Si_2O_6)$	山宝鉱山，金平鉱山，津田鉱山	◎
ヨハンゼン輝石	単斜	$CaMn(Si_2O_6)$	大名草鉱山	○
頑火輝石	斜方	$Mg_2(Si_2O_6)$	新見市荒戸山	△
普通角閃石	単斜	(省略)	火成岩中	◎
鉄ヘスチング閃石	単斜	(省略)	山宝鉱山	○
珪灰石	三斜	$CaSiO_3$	三原鉱山，山宝鉱山，河本ダム	◎
スコート石	単斜	$Ca_7CO_3(Si_3O_9)_2\cdot H_2O$	高梁市備中町布賀，三原鉱山	△
魚眼石	正方	$KCa_4(Si_4O_{10})_2(F, OH)\cdot 8H_2O$	三原鉱山，山宝鉱山	○
パイロフィライト	単斜	$Al_2Si_4O_{10}(OH)_2$	三石ロウ石鉱山，上建部鉱山	◎
滑石	単斜	$Mg_3Si_4O_{10}(OH)_2$	中井鉱山，新見市大佐町	○
白雲母	単斜	$KAl_2(AlSi_3)O_{10}(OH)_2$	総社市延原，三石ロウ石鉱山	◎
黒雲母	単斜	$KFe_3^{2+}(AlSi_3)O_{10}(OH)_2$	総社市延原，花崗岩中	◎
紅雲母	単斜	$K(Li, Al)_3(Si, Al)_4O_{10}(F, OH)_2$	総社市延原	△
チンワルド雲母	単斜	$KLiFe^{2+}Al(AlSi_3)O_{10}(F, OH)_2$	総社市延原，総社市清音三因	○
スティルプノメレン	単斜	(省略)	山宝鉱山	△
モンモリロン石	単斜	(省略)	岡山市南区箕島，笠岡粘土鉱山	◎

鉱物名	結晶系	化学組成	おもな産地	産出量
須藤石	単斜	（省略）	三石ロウ石鉱山	△
緑泥石	単斜	（省略）	大笹鉱山	◎
カオリナイト	三斜	$Al_4Si_4O_{10}(OH)_8$	三石ロウ石鉱山，奥津カオリン鉱山	◎
石英	三方	SiO_2	岡山市北区万成，花崗岩採石場	◎
正長石	単斜	$KAlSi_3O_8$	山手鉱山，総社市延原	◎
曹長石	三斜	$NaAlSi_3O_8$	総社市延原，総社市清音三因	◎
灰長石	三斜	$CaAl_2Si_2O_8$	塩基性岩中	◎
濁沸石	単斜	$Ca(AlSi_2O_6)_2 \cdot 4H_2O$	西大寺切石，総社市清音三因	○
束沸石	単斜	$(Ca_{0.5}, Na, K)_9$ $[Al_9Si_{27}O_{72}] \cdot 28H_2O$	西大寺切石，総社市清音三因	○
菱沸石	三方	$Ca(Al_2Si_4O_{12}) \cdot 6H_2O$	西大寺切石，総社市清音三因	○
ソーダ沸石	斜方	$Na_2(Al_2Si_3O_{10}) \cdot 2H_2O$	鏡野町女山	○

図Ⅲ-1 岡山県のおもな鉱物の産地図

§2. 地学関係天然記念物

名　　称	所　在　地	指定	おもな特徴
〔倉敷市〕			
象　　岩	下津井	国	花崗岩の波食奇岩
〔浅口郡里庄町〕			
虚空蔵岩	里　見	町	花崗岩の方状節理
〔笠岡市〕			
白石島の鎧岩	白石島	国	アプライトの壁状の岩脈
大飛島の砂州	大飛島	市	長さ350 mの長大な砂州
〔井原市〕			
浪形岩	千手院	県	古第三紀の貝化石の化石床
山地の含化石層	上稲木町	市	白亜紀のカイエビ化石
森の衝上断層	東江原町	市	花崗岩の衝上断層
星田川の甌穴群	美星町	市	星田池下流の甌穴
美星の珪化木	美星中学校	市	3万年前の栗の木
芳井鳴滝甌穴群	芳井町花滝	市	20〜100 cmの甌穴
〔高梁市〕			
大賀の押被	川上町仁賀	国	三畳紀層に古生代層が衝上
藍　　坪	川上町上大竹	県	古代の滝の後退消失の跡
成羽の化石層・植物	成羽町上日名	県	三畳紀の植物化石産地
成羽の化石層・貝	成羽町枝	県	三畳紀の貝化石産地
枝の不整合	成羽町枝	県	三畳紀層と白亜紀層の不整合
難波江貝化石層	落合町	市	三畳紀の貝化石層
午王渓の甌穴群・滝壺群	巨瀬町	市	多数の甌穴と滝
羽山のデッケン	成羽町羽山	市	三畳紀層に古生代層が衝上
〔新見市〕			
羅生門	草　間	国	石灰岩の浸食による天然橋
間歇冷泉	草　間	国	約6時間間隔で噴出する冷泉
鯉ヶ窪の湿原	哲西町矢田	国	貴重な植物が生育する湿原
阿哲台	草間〜豊永	県	石灰岩台地や鍾乳洞
エダサンゴ化石含層	哲西町大野部	市	新第三紀中新世の化石
甌　穴	哲西町大野部	市	最大直径1.9 mの甌穴群
荒戸山	哲多町田淵	市	玄武岩でできた山

名　　　称	所　在　地	指定	お　も　な　特　徴
護　王　穴	哲多町花木	市	全長560 mの鍾乳洞
草　月　洞	哲多町矢戸	市	鍾乳石，石灰華の発達

〔加賀郡吉備中央町〕

名　　　称	所　在　地	指定	お　も　な　特　徴
八町暖準平原	吉　川	県	100万年前の地勢を維持
賀陽の大山砂利	上　竹	町	県道賀陽巨瀬線沿いにある礫層
小森温泉湯元	小　森	町	池田継政が設営した温泉

〔真庭市〕

名　　　称	所　在　地	指定	お　も　な　特　徴
岩屋の穴	阿　口	県	全長1 370 mの鍾乳洞
諏訪の穴	下皆部	県	全長900 mの鍾乳洞
上野呂カルスト	下皆部	県	ドリーネ等のカルスト地形
塩滝の礫岩	関	県	蛇紋岩を主とする礫岩
備中鍾乳穴	水　田	県	日本最古と伝えられる鍾乳洞
金刀比羅神社の屏風岩	下中津井	市	石灰岩礫岩による断崖
井弥の穴	下皆部	市	全長85 mの洞窟
清水寺塩滝	関	市	高さ41 mの壮大な滝
塩釜の冷泉	蒜山下福田	市	毎秒300 m^{3}を噴出する湧水
足ヶ瀬甌穴群	藤　森	市	閃緑岩中の甌穴群
砂　　湯	湯原温泉	市	河川中に湧出する温泉
インガの甌穴群	横　部	市	旭川河床にある甌穴群

〔真庭郡新庄村〕

名　　　称	所　在　地	指定	お　も　な　特　徴
玄武岩柱状節理		村	屏風を広げたような柱状節理

〔苫田郡鏡野町〕

名　　　称	所　在　地	指定	お　も　な　特　徴
大野の整合	竹　田	県	香々美川沿いに露出する断崖
銭星岩	至孝農	町	階段状の岩石
箱　　岩	箱	町	伝承のある奇岩
立　　岩	羽　出	町	伝承のある大岩

〔津山市〕

名　　　称	所　在　地	指定	お　も　な　特　徴
礫岩と化石	市　場	市	塩手池のカキ化石床
津山ヒゲクジラの化石	つやま自然のふしぎ館	市	吉井川河床で発見された化石
リンバーク岩	稼山一帯	市	アルカリ玄武岩の一種

〔美作市〕

名　　　称	所　在　地	指定	お　も　な　特　徴
甌穴岩	巨　勢	市	巨大な玄武岩中の甌穴
吉野川の甌穴群	三倉田	市	甌穴の生成過程が見られる

名　　　称	所　在　地	指定	お も な 特 徴
〔瀬戸内市〕			
牛窓断層帯地層群	牛窓町牛窓	市	花崗岩中の断層

§3. 地学関係施設

岡山県にある地学に関する施設を紹介します。有料の施設もあります。

① **日本化石資料館**（〒703-8267 岡山市中区山崎 148-22　Tel：086-237-8100）

岡山市中区山崎にあります。アンモナイトが多数展示されています。新たに医学モデルの展示が加えられました。

② **倉敷市立自然史博物館**（〒710-0046 倉敷市中央 2-6-1　Tel：086-425-6037）

倉敷駅から南へ 500 m，美観地区の近くにあります。岡山県内の動・植物や岩石・化石が展示されていて，地学に関する自然観察会も行われています。

③ **岡山天文博物館**

（〒719-0232 浅口市鴨方町本庄 3037-5　Tel：0865-44-2465）

隣接する国立天文台岡山天体物理観測所には日本最大級の口径 188 cm 反射望遠鏡があり，見学できるようになっています。観望会も行っています。岡山天文博物館にはプラネタリウムや太陽観測室のほか，天文に関する展示室もあります。

④ **笠岡市立カブトガニ博物館**

（〒714-0043 笠岡市横島 1946-2　Tel：0865-67-2477）

笠岡市南部，神島大橋の近くにあります。笠岡湾には生きた化石とも呼ばれるカブトガニが多数生息していましたが，干拓のため激減しました。博物館が中心となってカブトガニ保護活動が行われています。カブトガニの飼育室や化石も多数あります。博物館の周囲は恐竜公園としても整備されています（53ページ参照）。

⑤ **高梁市成羽美術館**

（〒716-0111 高梁市成羽町下原 1068-3　Tel：0866-42-4455）

高梁市成羽町の国道 313 号線沿いにあります。植物化石を中心に成羽産出の化石が多数展示されています。

⑥ 藤井鉱物化石館

　高梁市成羽町から県道 33 号線沿いに新見市に進み，山宝鉱山に行く橋のそばにあります。個人的に収集した鉱物や化石が展示されています。山宝鉱山や備中町布賀の鉱物は特に素晴らしいです。

⑦ つやま自然のふしぎ館

　（〒 708-0022　津山市山下 98-1　Tel：0868-22-3518）

　津山市鶴山公園の南にあります。多数の動物の剝製(はく)は圧巻で，津山で採集された新第三紀中新世の化石も必見です。

⑧ なぎビカリアミュージアム

　（〒 708-1312　勝田郡奈義町柿 1875　Tel：0863-36-3977）

　奈義町にあり，おもに新第三紀中新世の貝化石が展示されています。化石発掘の体験もできます。

§4. より詳しく学ぶために

　本書では，岡山県内の地学に関するおもな観察場所を取り上げました。このほかにも，地学的に興味深い場所が多数あります。取り上げた観察場所についても，紙面の都合により説明を割愛したところがあります。

　より詳しく知りたい人のために，岡山県の地質についての一般的な本を紹介しておきます。これらの本を利用すれば，県内の地質の様子をより詳しく理解することができるでしょう。なお，各見学コースで参考にした文献だけでなく，その入手方法も載せておきます。

（1）　一般書籍（書店で購入できるもの）

　岡山県の地質を知るのに，つぎのような書籍が役立つでしょう。ただし絶版になっているものもありますので，図書館などにも問い合わせてみましょう。

　① 日本地質学会 編（2009）：日本地方地質誌 6　中国地方，朝倉書店
　② 日本の地質（中国地方）編集委員会 編（1987）：日本の地質 7　中国地方，共立出版
　③ 野瀬重人・沼野忠之（2001）：岡山文庫 212　岡山の岩石，日本文教出版
　④ 沼野忠之（1980）：岡山文庫 92　岡山の鉱物，日本文教出版
　⑤ 光野千春・沼野忠之・高橋達郎（1982）：岡山の地学，山陽新聞社

§4. より詳しく学ぶために　201

（2）　専門的な論文

本書では，各見学コースの調査時に参考にした論文などをまとめています。より詳しく調べたい人は，これらの論文を参照しましょう。閲覧方法のいくつかを紹介しておきます。

① 大学図書館・公共図書館

　一般的な書籍は，大学や地方公共団体の図書館で閲覧できます。専門的な論文は大学の地学研究関係の図書室に所蔵されています。

② CiNii（NII 論文情報ナビゲータ）

　国立情報学研究所の論文検索サイトです。インターネット上で論文を検索できるだけでなく，入手することもできます。本書で参考にした文献の大部分もここで閲覧することができます。

③ 大学・博物館の Web ページ

　研究報告を公表している大学や博物館があります。岡山大学地球科学研究報告などはインターネット上でも閲覧できます。

（3）　岡山県地質図

① 5 万分の 1 地質図

　岡山大学名誉教授の故・光野千春先生の研究グループが中心となって作製した 5 万分の 1 岡山県地質図が，西部技術コンサルタント株式会社の Web サイト（http://www.seibuct.jp/）で公開されています。

② 20 万分の 1 地質図

　独立行政法人産業技術総合研究所地質調査総合センターから，20 万分の 1 地質図幅が販売されています。

③ 2 万 5 千分の 1 地形図

　国土交通省国土地理院から 2 万 5 千分の 1 地形情報「電子国土ポータル（電子国土 Web システム）」（http://portal.cyberjapan.jp/）が公開されています。

	編著者の了解に より検印省略

1980年3月1日　初　版第1刷発行　★
1996年6月20日　初　版第4刷発行
2013年2月25日　改訂版第1刷発行

改訂　岡山県　地学のガイド

編 著 者	野　瀬　重　人
編　　者	岡山県地学のガイド 編　集　委　員　会
発 行 者	株式会社コロナ社 代表者　牛来真也
印 刷 所	新日本印刷株式会社

112-0011　東京都文京区千石 4-46-10

発行所　株式会社　コロナ社

CORONA PUBLISHING CO., LTD.

Tokyo　Japan

振替 00140-8-14844・電話 (03)3941-3131(代)

ホームページ http://www.coronasha.co.jp

ISBN 978-4-339-07547-2　（高橋）　（製本：愛千製本所）

Printed in Japan

本書のコピー，スキャン，デジタル化等の無断複製・転載は著作権法上での例外を除き禁じられております。購入者以外の第三者による本書の電子データ化及び電子書籍化は，いかなる場合も認めておりません。

落丁・乱丁本はお取替えいたします

Ⓒ岡山県地学のガイド編集委員会 2013

岡山

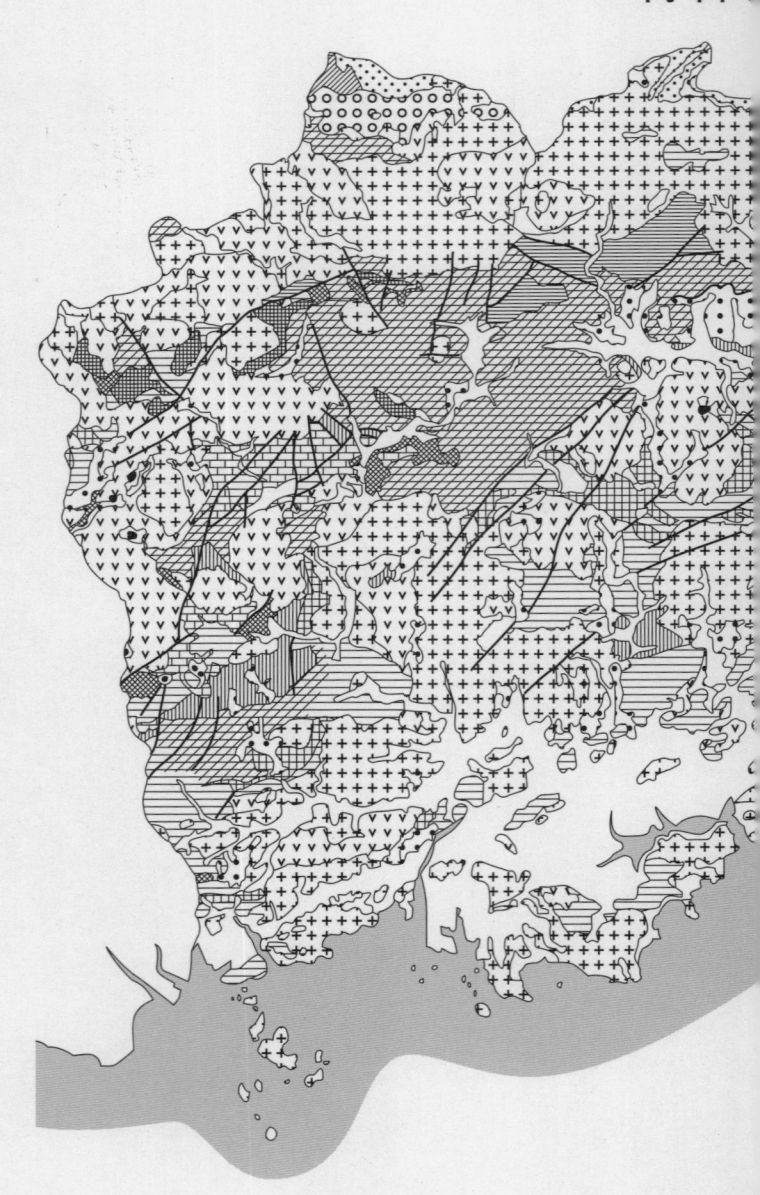